珍爱生命

张安顺 张金平 郑 鹏◎编著

ZHENAI
SHENGMING

安全生产事故隐患排查
与习惯性违章防范

U0313315

人民日报出版社

图书在版编目（CIP）数据

珍爱生命：安全生产事故隐患排查与习惯性违章防
范／张安顺，张金平，郑鹏编著. --北京：人民日报
出版社，2022.3

　ISBN 978-7-5115-7282-0

　Ⅰ.①珍… Ⅱ.①张… ②张… ③郑… Ⅲ.①安全事
故–事故预防 Ⅳ.①X928

中国版本图书馆 CIP 数据核字（2022）第 045431 号

书　　名：珍爱生命：安全生产事故隐患排查与习惯性违章防范
ZHENAI SHENGMING：ANQUAN SHENGCHAN SHIGU YINHUAN PAICHA YU XIGUANXING WEIZHANG FANGFAN

作　　者：张安顺　张金平　郑　鹏

出 版 人：刘华新
责任编辑：刘天一
封面设计：陈国风

出版发行：人民日报出版社
地　　址：北京金台西路2号
邮政编码：100733
发行热线：（010）65369527　65369846　65369509　65369510
邮购热线：（010）65369530　65363527
编辑热线：（010）65369844
网　　址：www.peopledailypress.com
经　　销：新华书店
印　　刷：北京彩虹伟业印刷有限公司

开　　本：170mm×240mm　　1/16
字　　数：210千字
印　　张：13.5
版次印次：2022年5月第1版　　2022年5月第1次印刷

书　　号：ISBN 978-7-5115-7282-0
定　　价：59.80元

前　言

　　"珍爱生命，远离事故"，这句话好像是句让人耳朵生茧的"口号"。然而，当我们真正理解它的"含义"时，就会深深懂得，它绝不仅仅是一句口号，而是维系企业生产安全和员工生命健康的"真理"。

　　现实中，每当一个健康的肌体因为一次违章行为影响而变得残缺不全时，每当一条鲜活的生命因为一桩安全事故侵袭而陡然逝去时，我们都会被深深触动，原来生命如此脆弱，原来事故如此可怕。

　　事故是安全的大敌，它们水火不容、此消彼长；隐患是事故的源头，它们相伴而生、形影不离；而违章则是事故的"同伙"，它们沆瀣一气、朋比为奸。隐患不除，违章不改，则安全难保。

　　每次安全事故发生后，我们都习惯于去分析，它到底是一次"偶然"还是一种"必然"。当我们对比分析大量的案例后，就会发现一个不争的事实：每次事故的发生，确实有时存在偶然性，但更多的是一种必然性。这种必然性体现在从业人员漠视安全生产法律法规，不遵守安全生产规章制度，工作中有太多的随意和任性，违章指挥、违章作业、违反劳动纪律现象频频出现。而安全事故就像一只躲在草丛中等待猎物的猛虎，当我们因为"三违"而暴露出自身的致命弱点时，它就会迅速出击，瞬间夺走我们的健康甚至生命。

不可否认的是，随着工作时间的增长，任何工作都会因为每天"简单又重复"而变得沉闷，但即便这样，也绝对不能成为我们淡化安全意识的理由，不能成为我们"三违"行为的借口。因为一旦我们不想安全、不顾安全、不要安全，那么，隐患和事故就会乘虚而入，损失和伤害也会接踵而来。到那时，等待我们的，将会是企业经营失败的惨淡景象，将会是亲人悲痛绝望的泪水。

"生命"与"安全"是个永不过时的话题，更是一个恒新恒异的主题。这个话题不会因为我们的好恶，或者因为我们的重视与轻视而存在或消失，它是一个客观存在，是每个企业从业人员永远都挥之不去、念兹在兹的话题。一起安全事故的发生，造成的经济损失或许可以通过后期整改而得到弥补，但生命一旦失去了，对于个人、对于家庭来说，都将是永远无法弥补的灾难。

生命是宝贵的、短暂的，也是脆弱的，对于每个人来说仅仅只有一次。我们谁也没有理由不去珍惜、不去爱护自己的生命。我们要做的，就是通过遵规守纪、规范作业去好好捍卫生命、守护健康。"珍爱生命、远离事故"，不能当作一句口号来喊，而应该时刻把它铭记在心头、融进血液、体现于行动，时时处处做到"人人懂安全、时时讲安全、处处重安全"。

为了让企业员工学习掌握隐患排查的知识要领，自觉远离各类违章，全力保证企业生产安全和个人生命健康安全，我们编写了这本《珍爱生命：安全生产事故隐患排查与习惯性违章防范》，期望企业员工通过本书的研读学习，思想有所启迪，能力有所提升，严格遵守各种操作规程，摒弃违章行为，铲除事故隐患，共同构筑起生产安全和生命安全的坚固堡垒和坚实屏障。

目　录

第一章

安全重于泰山，生命最为珍贵

　　每个人的生命都是弥足珍贵的。人生因健康安全而稳固，幸福因健康安全而牢靠。一旦我们失去了生命，所有的一切都将归于尘埃、化为乌有。在安全生产领域，企业的生存和发展需要员工的推动，员工的生命安全则需要安全生产来保障，家庭的和谐安宁也需要员工的平安健康来维系。安全重于泰山，生命高于一切。牢记安全，珍爱生命，需要每名员工融于心、记于脑、践于行。

1. 生命只有一次，永不会重来

有人说："没有什么比活着更好。"的确，平安健康地活着就会给家人带来希望，给社会创造价值。作为一名企业员工，应以保障自身生命安全为基本着眼点，认认真真地去对待生产经营中的每项工作任务，在企业提供的平台上，施展自己的才能，创造人生的价值，为家庭带来更多的幸福，这样的生命才有意义，才能闪耀出绚烂的光彩，才能在平凡中彰显真实。

我们或许只是企业中的一名普通员工，年复一年日复一日地重复着相对单调的工作，我们觉得自己的生活太平凡、太普通。但是，这些不能成为我们漠视生命的理由。我们可以在自己的岗位上，创造自己能创造的最大价值，为企业创造更多的财富。

☆☆☆☆☆☆☆☆☆☆☆☆☆☆☆☆☆☆☆☆☆☆☆☆☆☆☆☆

罗某是某机械厂的一名普通员工，在他看来，自己的人生十分悲催。自己在这个企业已经工作15年了，工作单调枯燥，工资也不高，他的妻子也整天埋怨，嫌他没出息，赚钱少。罗某在这种状态下工作和生活着，整天郁郁寡欢，唉声叹气。在他眼中，一切都是灰暗的。2017年4月17日，临上班前，因为家庭琐事他又和妻子发生了争吵，连早饭也没吃就气呼呼地上班去了。偏巧，在班上他因为情绪极其低落，精神恍惚，在工作时没有按照标准流程作业，导致机械出现故障，引发了严重的机械伤害，最终身受重伤，送医后因伤势过重不治身亡。

☆☆☆☆☆☆☆☆☆☆☆☆☆☆☆☆☆☆☆☆☆☆☆☆☆☆☆☆

事故的发生我们不能预测，但是如果罗某能够时刻以自己的生命为贵，时刻把生命的安全放在第一位，这个悲剧就不会上演。诚然，他的工作是相对单调枯燥的，家庭成员对他也是缺乏理解的。然而，他的逝去，势必给亲人带来无法治愈的伤痛，而他的妻子，也会无比悲伤和痛悔。

人生短短几十载，时光如白驹过隙。在我们的一生中，都会经历出生、成长、成熟的过程，在这个过程中，每个人都会有欢笑悲痛。不同的是，有的人能在自己有限的生命里拥抱生活，深耕自己的职业领域，能够好好爱自己、爱他人、爱工作、爱社会，他们的人生踏实而充盈。

很多生产经营单位的员工，他们或许岗位平凡、工作枯燥，但他们都是为企业、为社会创造财富的劳动者，他们把生命的长线紧紧握在自己手中，他们因劳动而充实，因奉献而快乐。而有的人认为自己每天面对的是冰冷的机器，紧张的环境，单调、枯燥的工作，感觉工作中没有激情，也没有乐趣可言，从而产生悲观消极的情绪，在生产过程中，就容易出现消极怠工、漠视安全的行为，这就很容易引发事故，让自己的生命受到威胁和损害。

作为一名企业员工，我们要认识到自己的价值，尊重自己的生命，使自己生命中的每一天都过得快乐而充实，这就需要我们时刻注重安全生产。在生产经营的各个环节中，我们要充分做好自身防护、确保人身安全，严格遵守企业规章制度和操作规程，自觉摒弃各种不安全行为，用规范、安全、严谨、有序的操作尽全力保障自己的生命安全。

不可否认的是，每天重复做同样的工作，的确有些单调和枯燥。但是世间的哪种工作不是枯燥的？干一行，就要爱一行，就要把手中的工作做到极致，使生命在有限的时段尽可能发出最耀眼的光和热。

作为一名企业员工，应当学会调适自己的身心状态，时刻保持一种乐观向上、积极进取的心态去面对工作。当然，这不是一件容易的事，需要我们在长期的工作历练中，学会满足，懂得释怀，懂得有所作为是生活中的最高境界，把每天的工作作为积累财富、创造价值的一个过程，做自己生命的保护神，做自己命运的掌舵人。

生命只有一次，人生不会重来。了解生命而且热爱生命的人是幸福的。每名员工都需要珍爱自己的生命，谨记安全生产，保护自己，让生命之河奔流向前，美丽而有意义，让自己的生命平安、健康、充实、快乐。

2. 生命不仅属于自己，还属于家人

每个人都有社会性，我们的生命不仅是自己的，还属于家人、属于社会。在生产中，有些员工意识不到这一点，认为自己的生命自己"说了算"，与他人关系不大，殊不知，这种忽视生命安全的状态，迟早会受到惩罚，甚至伤及无辜。

每个人都渴望幸福，也希望给家人幸福，但如果生命受到威胁，生命被剥夺，又何谈幸福呢？无论何时何地，我们都要明白家人在时刻牵挂着自己的安全，为了家人的期盼，每个人都应该珍惜生命、注重安全、认真工作，每天做到"高高兴兴上班来，平平安安回家去"。

☆○☆○☆○☆○☆○☆○☆○☆○☆○☆○☆○☆○☆○☆

2015 年 4 月 23 日，某化工厂发生一起锅炉爆炸事故，导致锅炉工申某被炸身亡。当晚 6 时许，申某上夜班前，几个朋友邀他去吃饭，吃饭期间，申某反复跟朋友说，自己晚上要值夜班，不能喝酒。但请客吃

饭的朋友和申某是多年好友，又因为工作关系，两人多年未见，对方一直劝申某喝酒。申某抵挡不住朋友的极力劝酒，一来二去喝了很多。到晚上7点，申某回到单位值夜班，因神志不清，没有仔细检查锅炉蓄水量和压力表，一边烧着锅炉一边打瞌睡，最后竟然睡着了。大约过了两小时，锅炉因水量太少、压力过大，发生爆炸事故。申某身受重伤，经医治无效死亡。

事故发生后，申某的妻子因承受不了巨大的悲痛而精神失常，生活无法自理被送入精神病院，原本幸福的家庭就这样被毁掉了。

☆☆☆☆☆☆☆☆☆☆☆☆☆☆☆☆☆☆☆☆☆☆☆

事故的原因很简单，就是因为申某酒后神志不清，在无意间严重违章作业，最终酿成惨剧。这个案例也给很多人敲响了警钟，如果一名企业员工失去了宝贵的生命，不仅是个人的生命终结，还会导致他的家庭支离破碎，给家人带来永远无法愈合的创伤。前事不忘，后事之师，希望类似的悲剧不要在我们身边再次发生。

安全重于泰山。作为一名企业员工，我们更应该意识到生命安全的重要性，"无危则安，无缺则全"，在生产中树立安全的自觉性，在安全上多做一点、用心一点、认真一点，这就需要我们从以下几方面做出努力。

成为一名懂安全的人才。一个企业的发展壮大，需要员工团队来实现，更需要人才来助力。试想，连自己的生命价值都无法判断清楚的人怎能算得上人才？如果一个人对自己的生命都不负责，何谈对家人负责、对企业负责？因此，我们在安全生产中，要克服侥幸心理、麻痹思想，增强安全意识，时时处处注重生命安全。

爱惜自己的身体。在工作中，有些员工一忙起来，就忘掉了身体是革命的本钱，他们为了多挣钱而不顾及自己的身体健康，拼命加班加点，长时间高强度工作。健康的身体是幸福的基础，爱惜身体既是为了自己，也是为了家人。我们只有保证自己在危机四伏的工作中安然无恙，才有能力保护家人，才能为家庭做贡献，才能看到家人绽放的笑脸。

时刻注意各类安全风险。天有不测风云，人有旦夕祸福。人的生命是最宝贵的，也是脆弱的。为了让自己和家庭成员过得更加幸福，我们都在勤奋地工作。但是，无论有多么拼、多么忙，都不能忽视人生的风险。无论是在工作中，还是在生活中，很多安全事件都会在猝不及防的时候发生。我们应该知道如何避开各类风险，比如，交通事故风险、火灾风险、触电风险等，并且当危险发生时，我们要能够快速做出反应，保护自己的生命。

为了让家人过上更加舒适的生活，为了亲情永远环绕在我们周围，为了我们能够徜徉在爱的海洋中，敬畏并爱惜自己的生命吧，因为安全是对自己和家人最好的承诺。

 3. 人人关心安全，生命不受威胁

无论任何时代，安全都是永恒的主题，呵护生命健康安全都是不过时的话题。我们会经常听到这句话——注意安全。短短四个字，却有着太多的含义：有关爱、有警告，还有对生命健康的敬畏。关爱体现着家人希望每天能够见到平安健康的我们；警告则是告诉我们对待生产中的高难度、高风险的工作要时刻警惕，不要受到伤害；敬畏则体现了每个人的生命只有一次，谁也不能漠视它、轻视它。因此，为了避免自己的生命受到威胁，提高警惕、加强防范、保障安全、免受伤害，这是我们必须考虑的，也是必须做到的事情。

安全生产事关我们生命财产安全，事关社会发展稳定，需要人人关心、人人支持、人人参与。作为企业的员工，我们在生产经营的每个细节中，都要注重安全规范，从思想上绷紧安全之弦，在行动上行使安全之举。

☆☆☆☆☆☆☆☆☆☆☆☆☆☆☆☆☆☆☆☆☆☆☆☆

韩某是某加油站经理，平时安全意识很强，对自己和员工安全要求也很严格。2013 年 7 月 14 日晚上 11 时左右，该加油站员工申某找到韩某，反映加油站的抽水机无法正常使用。韩某立即前去检查，发现抽水机主线路闸刀开关，其中一条线路因为上口接驳点不牢固，接触不良导致接线柱被烧坏。看到这种情况，韩某让申某先暂停为客户加油，去找一个螺丝刀来。申某找到后递到韩某手里，之后想赶紧去为客户加油。细心的韩某这时叫住了申某说，因为现在加油客户多，为不影响客户正常加油，他准备带电作业，然而这把螺丝刀手柄太潮湿，这样就容易发生触电危险。韩某说完回到自己办公室，找来一把干燥的螺丝刀回到电闸旁。在开始修之前，他让申某陪在自己身边，用手机照明，很快就修好了接线点。

☆☆☆☆☆☆☆☆☆☆☆☆☆☆☆☆☆☆☆☆☆☆☆☆

带电作业有严格的安全规范要求，人员自身防护必须到位，操作必须规范，所用的工具必须安全，同时，严禁在没其他人监护的情况下独自作业。这些规范性要求，韩某都做到位了，所以很顺利地修好了电闸。试想一下，如果韩某安全意识不强，用了那把潮湿的螺丝刀，而且没有申某在一旁陪护，又是在半夜时分，在这种情况下他去带电作业，就极可能发生触电事故。

在安全生产领域，企业有责任通过多种方式教育引导全体员工关注安全、学会安全、保证安全。而作为企业员工，也应该接受企业的安全教育。在日常生产过程中，我们可以从以下几点着手。

塑造企业安全文化。企业要结合自身实际，坚持以人为本的安全方针，通过设置安全文化标志、安全标语、电子屏、宣传栏、黑板报、安全文化墙等形式，创建优秀的班组安全文化，通过生动活泼、寓教于乐的方式，对广大员工进行教育引导。同时，要注重开展各种形式的实战演练、模拟救援、岗位竞赛等主题活动，促进安全文化理念和意识多形式、多层面、全方位向员工渗透，从而在企业上下弘扬健康向上和充满人文关怀的安全文化。

主动接受安全教育。人人都来为安全，安全才会为人人。作为一名企业员工，必须充分认识到规章制度的重要性。在平时工作中，务必了解掌握岗位专业知识，全面系统地学习安全生产的各项规章制度和操作规程。企业每项安全生产制度和操作规程，往往是在各种各样的事故和血的教训中不断形成和完善的。员工要从思想深处真正认识到，这些制度规定和规范要求，不是束缚我们思想和行动的枷锁和桎梏，而是指引我们规范作业、免受人身伤害的基础和保障。当我们站在机器旁准备工作的时候，或者在进行每一步的操作时，需要认真想一想，这样做是否规范严谨，是否安全可靠，是否会带来安全事故和人身伤害？这样思考的过程，就是把"安全第一"的思想融入头脑、付诸实践的过程，也是培养自己安全行为观的过程。

消除不安全的思想意识。在安全生产领域，每个行业、每个企业、每个工种和岗位，都有自身的规范性要求。在工作实践中，我们不应该有麻痹思想、侥幸心理，也不能犯经验主义错误，应自觉远离习惯性违章。作为企业的员工，我们要知道，任何违章行为都可能将自己置于危险的境地，都有可能让自己的生命面临各种威胁。

员工之间要互帮互助。安全需要我们每个人来维护和保障。作为企业员工，这就需要我们做到爱自己也要爱他人。关爱是相互的，奉献是相互的，人人都来关心安全，才有可能为自己和他人撑起一把牢固安全的生命"保护伞"。人人想安全、人人懂安全、人人保安全，这是有社会担当的体现，也是保护个人和他人生命财产安全的体现。

安全工作只有起点没有终点，我们要保持强烈的安全意识，自觉遵守规章制度和操作规程，保证自己的每个操作、每个动作都严谨、规范、有序，只有这样企业的生产才能正常进行，我们的生命安全才有保障。为了个人的安全、为了家人的牵挂、为了企业的发展，作为员工的我们应该时刻将安全放在心上、抓在手上。只有安全在心，生命才能在手。

 ## 4. 爱惜生命要从安全生产做起

在安全生产领域，安全为天，我们爱惜生命，需要从安全生产做起。如果安全生产是一台正常运转的机器，那么，每名从业人员都是这台机器的零件，无论哪个零件出了问题，都会影响到机器的正常运转。

安全生产与每个人息息相关，只有每个人重视安全，按章作业，严格自律，绷紧大脑中的"安全弦"，居安思危，防患未然，才能实现保一方平安，谋一家幸福。我们不要以为自己的岗位不重要，或者自己一个人的工作无所谓，而忽视了安全。安全生产人人有责。

☆☆☆☆☆☆☆☆☆☆☆☆☆☆☆☆☆☆☆☆☆☆

　　小王是某化工厂员工，在进入该企业之前，小王还没有意识到安全的重要性，他认为只要完成工作任务就行，至于怎么工作、工作状态如何、是否存在安全隐患都是"小事"。真正让他转变思想的是在他入职上岗那天。因为小王属于新员工，按照企业规定，他需要通过三级安全培训，成绩合格后才能正式上岗。小王至今清楚地记得，当时班组长第一次带他走进车间，交代他的第一句话就是"化工行业是高危行业，现场任何操作都要时刻牢记安全，半点都不能马虎大意，否则就容易出大事"。进入生产车间，小王看见原料池中冒出滚烫的气泡，各类机器正开足马力，轰鸣作响，每名员工都紧张有序地在自己的工作岗位上忙碌着……从那时起，小王第一次对生产安全产生了由衷的敬畏。小王牢记班组长的嘱咐，工作中从来不敢有丝毫的大意和违规操作。在此后的职业生涯中，小王多次被评为岗位能手、技术标兵等，成为全厂的榜样。

☆☆☆☆☆☆☆☆☆☆☆☆☆☆☆☆☆☆☆☆☆☆

　　重视安全就是重视生命，小王入职上岗第一天就被车间里的生产场景所震撼，对企业安全和个人安全有了最直接、最深刻的印象，从而在他思想深处产生了安全生产的自觉意识，这种良好的安全意识影响到他的职业生涯。无论在任何行业，从业人员都应该像小王那样，重视安全生产，远离违章作业，时时处处捍卫自己和他人的生命健康和安全。

　　安全是一种重大的责任，是保障生命安全的基石。作为企业的一名员工，我们要把这种责任扛在肩上，这是对自己负责、对家庭负责，也是对企业、对社会负责。安全是一种良好习惯行为，这种好习惯的养成需要我们遵章守规，并将安全准则和制度规定贯穿于自身工作岗位的每一处。

生命之本在于安全，呵护自身生命健康应当从保证安全生产入手。在生产过程中，每次及时到位的提醒与忠告，都能有效避免一次事故的发生；每次规范严谨的操作，都能有力保障员工的生命健康免受威胁。企业都应该把安全工作放在首要位置，年年讲、月月说、天天抓、时时做。作为企业安全生产不可或缺的一分子，我们需要从点滴做起，严格要求，细致入微，不放过任何问题和疏漏，共同为企业安全生产和个人生命安全付出努力。

5. 安全是生命的保障

生命最基本的保障是安全，而不安全和事故却时时刻刻对生命进行挑衅。患生于麻木，祸起于盲目。安全生产各个细节之处，都关系到我们的个人安危、家庭幸福，也关系到企业的稳定发展。在生产生活中，我们在任何方面都不能掉以轻心，应时刻防备，时刻警醒，避开危险，远离事故，保全自己和他人。

作为企业的一名员工，我们要时刻树立安全思想意识，远离"三违"行为，为自己和他人的生命财产安全构筑起坚实的屏障。

☆☆☆☆☆☆☆☆☆☆☆☆☆☆☆☆☆☆☆☆☆☆

2019 年 6 月 13 日，某路桥公司项目部在实施大坝拦污漂土建工程，工人小何在立模施工岗位作业。该施工点位紧靠一个比较陡峭的山坡，山坡上的石头经过长年累月的风化变质，经常有或大或小的落石滚下，而在山脚下，也时有过往车辆被落石砸中的事故发生。当日下午 3 时许，小何正在施工时，突然一块鸡蛋大小的石块从几十米高的山坡上直接坠落下来，不偏不倚正好砸在小何的安全帽上。受自由落体和加速度的影响，小何头上的安全帽砸裂了，而小何因为规范佩戴了安全帽，并没有受伤。一项看似稀松平常的安全帽，在关键时刻发挥作用，救了小何的命。

☆☆☆☆☆☆☆☆☆☆☆☆☆☆☆☆☆☆☆☆

危险无处不在，简单的一个小动作可以危及生命，简单的一个安全用品也可以挽救生命。一项很平常的安全帽，在出现危险的时候，就可能对生命起到很好的保护作用，关键时刻可以救命，让小何免遭厄运。我们的生命需要呵护，而防患未然的安全呵护才是根本。只有保持高度的警觉，时刻意识到危险的存在，再细心一些，更认真一点，自觉自愿要安全，才能减少事故的发生，安全也才会厚待我们。

当我们工作时，按照生产要求规范佩戴安全防护用品时，就是安全；当我们远离"三违"，按章作业时，就是安全；当我们以敏锐的眼光发现了身边的安全隐患并且能够及时排除时，那就是安全。一个不懂得敬畏生命，不注重安全的员工，很难做到安全生产。只有安全才能保障生命，只有安全才能收获幸福。

在生产中，受人员、设备、环境等多种因素影响，各类隐患和事故会不同程度存在于生产的各个环节中，如果不能及时发现和排除，就会对员工的人身安全构成威胁。因此，我们应当尽力把风险隐患分析全、分析透、排查细、处理到位，全力保障企业的安全生产秩序，全力保证自身生命安全不受威胁。

一个企业安全稳定有序地发展，离不开系统完善、规范科学、坚持经常的监督管理。在安全生产整个过程中，企业务必要做到事事有人管、处处有人管、时时有人管，尤其要以岗位为单元，以员工个体为重点，加强专项监督检查和日常不定期明察暗访，让企业上下全体从业人员时刻保持足够的警惕和警觉，时时处处规范操作，提高安全风险管理的整体效能。

　　只有增强安全防范意识、认真履行岗位职责、提高安全风险管理能力，做细、做实工作的每一个环节，才能有效消除安全隐患。在我们的人生旅途中，只有安全相伴，人生的道路才会平坦畅通。只有我们做到有责任有担当，才能在本职工作岗位上有所作为、安全作为，才能为企业创造更多的财富和更好的效益，才能为自己的家庭带来更多幸福和快乐。

第二章

事故隐患险在"隐"，彻底排查保安全

　　企业最怕的是安全事故，而安全事故的"帮凶"之一是安全隐患。之所以叫隐患，是因为它们的存在往往很"隐蔽"，就像躲藏在草丛中等待猎物的狼，等着疏忽大意的猎物上钩。面对隐患，我们应该练就"火眼金睛"，千方百计把它们"揪"出来、消灭掉，从而保证生产安全。

1. 隐患是无形的"杀手"

在生产中，如果一个小隐患不去及时治理，就有可能导致大事故的发生，威胁我们的生命安全。事故的发生诱因是多方面的，其中各类安全隐患是主要因素之一，很多安全隐患是无形的"杀手"，它们藏匿在生产经营活动的各个步骤和环节，威胁着生产安全。

如果我们具备敏锐的目光，能够及时发现安全隐患，并且及时妥善地清除隐患，那么，我们就会站在安全防线之内，有效避免安全事故发生，保障企业生产经营秩序，保护自己的人身安全。如果我们缺乏应有的敏感意识，无视或漠视安全隐患，逾越了安全防线。那么，就可能会造成健康的损失、生命的逝去，面临家庭的破碎。

多一分谨慎，少一分损失。安全工作需要我们百倍谨慎、百倍小心。一种不安全行为，一时的掉以轻心，一时的麻痹大意，都可能带给我们灭顶之灾。现实中，有太多血的教训证明，安全工作只能拿满分，不能只求及格，否则，安全隐患会时时处处威胁着企业的安全生产和员工的生命安全。

☆☆☆☆☆☆☆☆☆☆☆☆☆☆☆☆☆☆☆☆☆☆☆☆

2018年8月14日，某小区建筑工地发生一起上料机钢索断开引发的安全事故。当日上午10时许，4名上料人员负责给该小区17号楼上料，当料斗上到8楼时，料斗上的钢索突然断裂，料斗直接失控下坠，砸中在料斗正下方的工人罗某和许某，两人被紧急送医后，因伤势过重医治无效死亡。

在事故调查时发现，该料斗钢索是五年前购置的，使用频率非常高，平时维护保养也不及时，最初有几根钢丝断裂，当时施工队长发现了这个安全隐患，认为那么粗的钢索，断裂一两根钢丝不会有事，于是就没有进行更换。正因如此，才最后酿成惨剧。

☆☆☆☆☆☆☆☆☆☆☆☆☆☆☆☆☆☆☆☆☆☆☆☆

为什么会发生这起事故？原因显而易见，因为在生产过程中，前期发现了钢索存在安全隐患，却没有引起施工方的充分重视和整改，随着钢索的逐步磨损老化，最终不堪重负而发生了安全事故。事故虽然可怕，更可怕的是我们对隐患的漠视及对后果的低估。

现实中，很多血淋淋的安全事故给企业一次次敲响了警钟。"隐患不除，事故难免"这已经成为安全生产领域的一种共识。所以，我们要时刻警惕隐患这个无形的"杀手"，任何时候都不能低估它的威力与危害，隐患一天不消除，事故的可能性就一天存在，我们的安全就得不到保障。隐患形形色色，种类繁多，要排查隐患，消除危险，就需要企业从多方面入手。

（1）提高安全意识。有些企业，在安全管理和日常生产中存在"不拘小节"的思想。但在安全生产领域，恰恰需要从业人员注重"小节"，需要"斤斤计较"。面对隐患漏洞，要保持高度警惕，及时治理或采取相应的防范措施。一根细小的钢丝断裂就足以让整条粗壮的钢索断开，一根电线细小的外皮损坏也足以造成大的触电、漏电伤害。所有的隐患都是我们生命的敌人，因此，作为一名生产人员，我们丝毫大意不得、马虎不得、放任不得。要提高安全意识、端正态度、讲究方法、探索技巧，不放过一丝一毫的隐患。

（2）要有发现问题的慧眼。在安全生产过程中，一些问题隐患积累到一定程度时，会产生质的变化而发生事故。大的安全隐患往往不难被发现，而隐藏的细小隐患，常常被人忽视。俗话说"沙粒虽小伤人眼，小雨久下会成灾"，任何问题隐患，如果排查人员不具备敏锐的洞察力，就难以被发现，这就需要我们练就一双"慧眼"，要善于从"无事"中看出"有事"，善于从现象背后看清问题的本质。在查找隐患的过程中，不能只看一人一事、一时一地，更不能蜻蜓点水、敷衍应付，而要不断地把未暴露的，甚至是萌芽状态的问题挖掘出来，确保我们的安全。

（3）深入排查各类隐患。在安全生产领域，排查隐患好比患者去医院诊疗病情，如果医生事先查不出症结所在，就难以开出救治良方，也谈不上病情康复。在"诊疗"的过程中，一些貌似和病情无关的小症状，可能恰恰是病因所在。企业隐患排查也是如此，要明察秋毫，严谨细致，从多个角度去观察、分析隐患点，不放过任何细节，及时把这些"隐形杀手"揪出来，消灭掉。

（4）隐患整改要到位。及时发现和排除了安全隐患，我们还需要多进行"回头看"，通过细节回顾总结隐患排查整改是否彻底到位。这也是员工执行力的一种体现，不管隐患是大是小，都要以强有力的执行力反复分析，看看问题隐患解决得是否深入到位，只有这样，才能不给事故留有发生的余地。

古人说："祸患常积于忽微。"安全生产由一个个小事连缀而成，小漏洞存在大隐患，小疏忽导致大事故。不漏过一个疑点，不疏忽一个细节，才能消除隐患。

天灾不可逆转，人祸应能防。企业员工只有人人讲安全、处处提安全、事事求安全，安全才能始终和我们一路同行。

2. 常见安全生产隐患与危害因素

　　在企业生产经营活动中，影响安全生产的重要因素是各类安全隐患，它们会因为从业人员的安全意识淡漠、员工的违章操作，以及生产工作环境等方面的影响，而存在于各个部门、各个班组、各个岗位。作为企业生产中的一员，只要我们认清它们、了解它们、找到它们、消除它们，就能够有效防范各类事故的发生。

　　既然安全隐患无时不在、无处不在，那么，发现、排除它们的前提就是需要我们掌握常见的安全生产隐患有哪些、危害因素有哪些。认清它们的表现形式和危害后，才能及时有效发现和排除它们，进而有效防范和化解各类安全事故。概括讲，常见安全生产隐患主要包括以下这些种类。

　　（1）从产生伤害的角度看，事故隐患可归纳为21个大类：水害、火灾、煤与瓦斯爆炸、水上运输伤害、港口码头伤害、爆炸、中毒和窒息、坍塌、滑坡、泄漏、腐蚀、触电、坠落、机械伤害、公路设施伤害、公路车辆伤害、铁路设施伤害、铁路车辆伤害、空中运输伤害、航空港伤害、其他类隐患等。

　　（2）从人的不安全行为角度看，事故隐患主要有11类，主要包括：员工忽视安全和警告，操作错误；员工人为造成安全装置失效；员工使用不安全设备；员工用手代替工具操作；物体存放位置不当；员工冒险进入危险场所；员工攀、坐或滞留在不安全位置；员工有干扰和分散注意力的行为；员工忽视个体劳动防护用品、未能正确使用劳动防护用品；员工的不安全装束；员工对易燃、易爆等危险物品的接触和处理错误。从业人员不安全行为产生的事故隐患，多和他们安全意识淡薄、防护能力不够有关。

（3）从物的不安全状态角度看，事故隐患主要有4类：防护、保险、信号等装置缺乏或有缺陷；设备、设施、工具、附件有缺陷；劳动防护用品用具缺乏或有缺陷；生产（施工）场地作业环境不良。

因物的不安全状态而产生的安全隐患，会让从业人员被动受到伤害。因为即使从业人员有足够的安全意识和防范技能，但物的缺陷和不足，也难以对从业人员产生应有的保护作用。

（4）从管理上的缺陷角度看，事故隐患主要包括7类：技术和设计上存在缺陷；企业对从业人员的安全生产教育培训不够；劳动组织不合理；企业管理人员对现场工作缺乏检查或指导错误；企业没有安全生产管理规章制度和安全操作规程，或者相关制度体系不健全；企业没有事故防范和应急措施或者不健全；企业对事故隐患整改不力，经费落实不到位。

这些安全隐患，存在于企业的各个部门、班组、岗位及人员之中。无论哪一种，都有可能不同程度影响到企业的正常生产经营秩序，影响到我们的生命财产安全。

☆☆☆☆☆☆☆☆☆☆☆☆☆☆☆☆☆☆☆☆☆☆☆☆☆

2015年4月15日，某化工厂发生一起严重的有害气体爆炸安全事故，造成5人当场死亡，直接经济损失高达780余万元。当日上午10时许，员工项某、罗某和张某在操作二号车间的大型氯气装置。装置中的4号阀门出现卡顿问题，而且压力表指针出现异常抖动，超过了黄色区域。员工项某找来一个管钳，对该阀门进行敲击，然后开始紧固。操作时，该阀门发生脱扣，整个阀门被高压气体弹射出来。随后，大量有毒气体泄漏，并很快引起爆炸，产生重大人员伤亡事故。在事故原因调查分析时，发现该事故存在人的不安全操作隐患，即员工项某、罗某和张某违规操作有毒有害气体罐；也存在物的不安全因素，即作业现场有11名员工没有规范佩戴安全防护用品。这些不安全因素共同导致了该起安全事故的发生。

☆▢☆▢☆▢☆▢☆▢☆▢☆▢☆▢☆▢☆▢☆▢☆▢☆▢☆▢☆

该企业在生产环节中，存在多个安全隐患和违章操作行为，最终酿成惨剧。安全是自己的事，是为了保护自己的生命。工作中任何一个环节的疏漏，都有可能导致事故的发生，给自己、家人、企业、社会带来痛苦和损失。

了解到常见事故隐患的种类后，我们需要进一步了解这些隐患的危害因素，以便我们能够更好地排除这些隐患。常见安全隐患的危害因素主要包括以下几方面。

（1）物理性危险、有害因素，包括设备设施缺陷、防护缺陷、电力危害、噪声危害、振动危害、电磁辐射、运动物危害、明火危害、能造成灼伤的高温物质危害、能造成冻伤的低温物质伤害、粉尘与气溶胶伤害、作业环境不良、信号缺陷、标志缺陷、其他物理性危险和有害因素。

（2）化学性危险、有害因素，包括易燃易爆性物质、自燃性物质、有毒物质、腐蚀性物质、其他化学性危险和有害因素。

（3）生物性危险、有害因素，包括致病微生物、传染病媒介物、致害动物、致害植物、其他生物性危险、有害因素。

（4）心理、生理性危险、有害因素，主要包括负荷超限、员工健康状况异常、员工从事禁忌作业、员工心理状态异常、员工辨识功能缺陷、其他心理生理危险及有害因素。

（5）行为性危险、有害因素，主要包括管理人员指挥错误、从业人员操作失误、监管人员监护失误、其他错误。

（6）其他危险和有害因素，主要包括物体打击、车辆伤害、机械伤害、起重伤害、触电、淹溺、灼烫、火灾、高处坠落、坍塌、冒顶片帮、透水、爆破、火药爆炸、瓦斯爆炸、锅炉爆炸、容器爆炸、其他爆炸、中毒和窒息、其他伤害。

总之，常见的安全隐患有多种表现形式，其危害因素也有不同的种类。每类安全隐患都不容忽视，每种危害都足以让企业发展受到重创，也足以让员工的生命财产受到威胁。作为企业的一名员工，我们需要了解隐患的不同表现形式和产生的危害，及时发现、消灭它们，共同为企业安全和人身安全保驾护航。

大家最不愿意看到的就是安全事故，而安全事故的源头多在事故隐患方面。人的不安全行为、物的不安全状态和管理体系上的缺陷，都会让事故隐患产生。同时各类事故隐患的表现形式也各不相同。

我们常说："知己知彼，百战不殆。"同样，在安全生产领域，也需要员工了解掌握事故隐患的分类和表现形式。这样有助于我们更好地发现并排查处理这些隐患，保证生产安全和人身安全。综合分析，根据事故隐患的危害程度，主要包括以下三类。

（1）一般事故隐患，是指危害和整改难度较小，发现后能够立即整改排除的隐患。比如，一些员工偶然的轻微违章操作，从业人员佩戴安全防护用品不够规范等，这类安全隐患大多能够通过现场发现、现场纠正、立行立改的方式及时解决。

（2）较大事故隐患，是指可能对安全生产或员工人身安全造成一定损失和伤害的事故隐患。包括企业安全管理制度不健全、企业未向从业人员提供符合国家标准或行业标准劳动防护用品、企业未按规定设置安全生产管理部门、企业未按规定配备专职（兼职）安全生产管理人员、企业未按规定配备基层区队车间安全副职、企业未按规定对"重大危险源"进行登记建档和有效管理、建筑工程的消防设计未经公安消防部门审核或者经审核不合格擅自施工、依法应当进行消防设计的建筑工程竣工时未经消防验收或者经验收不合格却擅自投入使用、生产经营单位未在有较大危险因素的生产经营场所和有关设施设备上设置明显的安全警示标志等隐患。

（3）重大事故隐患，是指危害程度很大，整改难度较大，应当责令企业全部或局部停业整顿，需要经过相对较长时间才能排除的隐患，或者因各种因素制约影响导致企业自身无法排除的隐患。比如，未取得安全生产许可证或不具备国家有关法律、行政法规和国家标准或行业标准规定，从事生产经营活动的；企业主要负责人和安全生产管理人员未经安全资格培训而上岗任职的，以及其他认为类似重大的事故隐患。

☆☆☆☆☆☆☆☆☆☆☆☆☆☆☆☆☆☆☆☆☆☆☆☆☆☆

2016年5月19日，某市石油储运公司发生原油库输油管道爆炸事故，引发大火并造成大量原油泄漏，事故造成3人死亡、13人受伤，直接经济损失3560万元。当日下午3时许，员工蓝某、黄某在值班时，发现2号原油储罐出现泄漏问题，恰巧原油泄漏处附近有一处电线出现短路打火，火花引燃了溢出的原油。两人发现后，立即向班组长和值班经理报告情况。班组长赶紧派安全员刘某前来处理。刘某发现发生泄漏的原油储罐未设置紧急切断系统，原油从储罐中不断流出无法紧急切断，导致火灾扩大。最终引起爆炸事故，导致重大伤亡。

☆☆☆☆☆☆☆☆☆☆☆☆☆☆☆☆☆☆☆☆☆☆☆☆☆☆

这个案例属于典型的重大事故隐患引发的安全事故。这起事故发生后，不仅造成3名员工失去了生命，也使其家人受到残酷的打击，其平安幸福的生活也成了过去。作为企业的一名员工,我们要识别安全事故隐患的类型,从而进行事故防范。

祸患猛于虎。无论是什么类型的安全隐患,都应当引起企业的高度重视,更需要加大资金投入,逐步完善设施设备,要加强安全教育培训,提高员工的安全素质,要健全企业管理机制,消除管理的漏洞、短板和盲区。作为企业员工,我们更需要与企业共同构筑起安全生产的铜墙铁壁,这样才有可能有效抵御各类安全隐患的侵袭,从而保障安全生产。

 ## 3. 掌握排查隐患制度,遵从并执行

在安全生产中,各类风险隐患不是一朝一夕形成的,排查消除风险隐患也非一日之功,需要员工掌握排查隐患的相关制度并严格遵从和执行,按照制度规定要求,精准发现各类隐患,及时彻底地进行排除。

隐患排查制度是企业基于自身生产过程中各类隐患的存在形式和表现特点,经过科学分析论证后而制定的,包括危险源辨识、风险评价、排查要求、排查技巧等多方面内容。因此,隐患排查制度是员工排查隐患的重要遵循和行动指南。在隐患排查过程中,如果我们不掌握了解这些制度要求,就容易让排查工作陷入一种盲目和无序状态。

员工熟悉掌握隐患排查制度,是保障企业少受或不受安全风险隐患影响的重要保障,也是有效保障自身生命财产安全不受或少受威胁的重要途径。在生产中,有些员工不掌握隐患排查制度,或对其执行不认真、不严格,隐患排查不细致、不准确,就常常会发生安全事故。

☆○☆○☆○☆○☆○☆○☆○☆○☆○☆○☆○☆○☆○☆○☆

2019 年 4 月 19 日上午，某化工厂发生重大有毒气体中毒事故，造成 13 人死亡，11 人受伤，直接经济损失 1320 余万元。当日上午 9 时 30 分，员工胡某和宋某在工作期间，因疏忽大意，没有发现 3 号储料器存在安全缺陷，同时，两人未按规定设置液位检查管头，也没有及时检查液位。从 9 时 30 分到 10 时 15 分，气体输送管网压力频繁波动了 7 次，相关负责人却没有注意到，最终导致有毒气体压力过大，产生大量泄漏，发生重大安全事故。

☆○☆○☆○☆○☆○☆○☆○☆○☆○☆○☆○☆○☆○☆○☆

分析这起事故发生的原因，第一是胡某和宋某没有按规定检查设备，第二是气体输送管网波动了 7 次，相关负责人员没有认真履行检查职责。这两方面都出了问题，最终导致了事故的发生，而更本质的原因是企业排查制度不完善、监管机制不到位、责任意识淡薄。13 名员工的生命因此而失去，13 个家庭再也没有了完整和幸福。

企业建立健全排查隐患制度，不仅是保障自身安全生产秩序、实现长足发展的需要，同时也是国家法律法规的明确要求。新修订的《安全生产法》第四十一条，对事故隐患排查治理做出明确规定，要求："生产经营单位应当建立健全并落实生产安全事故隐患排查治理制度，采取技术、管理措施，及时发现并消除事故隐患。事故隐患排查治理情况应当如实记录，并通过职工大会或者职工代表大会、信息公示栏等方式向从业人员通报。"所以，企业都需要结合自身实际，制定出科学规范的排查隐患制度。而作为员工，则需要谨遵企业制定的排查隐患制度，按照制度要求进行安全生产，避免因为自身原因造成安全事故的发生。

我们应该清晰地认知隐患排查制度涵盖哪些方面，这样才能做到严格执行、不出纰漏。因此，我们可以从以下几方面来掌握排查隐患制度。

（1）目的和内容。我们要了解排查隐患制度的目标是什么，主要内容是什么，这是整个排查隐患制度的总体描述和概括，类似于法律法规等规范性文件的总则。

（2）适用范围。企业排查隐患制度一般适用于本企业全体从业人员。

（3）职责。这部分内容是对企业各个部门、班组、车间、岗位以及管理人员、主管人员、具体岗位人员等各层面人员的职责界定描述。只有相关部门和人员明白了各自的职责范围，才能为下一步有序开展好安全隐患排查工作提供坚实的组织基础，在企业上下形成分工明确、配合有力、工作有序的组织框架体系。

（4）风险隐患。这部分内容主要包括对企业生产经营各个环节可能会出现的各类问题风险点的汇总性描述。我们只有了解掌握了这些风险隐患点，才能做到有的放矢、精准排查。

（5）工作程序。这部分内容是整个排查隐患制度的核心内容，属于具体操作层面的内容。其中包括组织领导体系、隐患的排查与报告、隐患的整改与验收、隐患排查档案的建立、工作奖惩等内容。从业人员根据制度所规定的工作程序，具体运用到隐患排查的工作实践中去，努力做到隐患排查有力、有序、有效。

（6）附则。主要是对排查隐患制度生效日期等方面内容的描述。

制度的生命在于落实。生产中的每个环节都是紧紧相连的，一处隐患可能会产生连锁反应，只有及时将事故苗头消灭在萌芽状态，才能以小的投入避免人员的伤亡和企业的损失。掌握了安全隐患排查制度并认真抓好执行落实，才能让隐患排查工作有据可依、有章可循，排查起来才能真正做到准确、全面、彻底和高效。

4. 制定安全隐患排查表，做好安全确认

　　企业在安全隐患排查中，制定安全隐患排查表，详细记录安全隐患排查有关具体信息和内容，是提高安全隐患排查效率的有效方法。许多运行规范、稳定有序的企业，多采取这种方法，在排查问题隐患的过程中，详细填写安全隐患排查表，张贴在企业内部显要位置，由专人负责收集归档。企业针对安全排查表的内容信息，科学制定各类安全隐患的排除方法、路径和抓手，这样能够让隐患排查工作有据可查、有的放矢，员工才能有效执行安全排查，从而有效提高隐患排查的精准度。

　　制定安全隐患排查表，不仅有利于企业管理人员准确发现掌握事故隐患点，还能够对员工产生提醒作用。在安全生产领域各级各类企业中，不乏通过制定安全隐患排查表而避免事故发生的成功案例。

☆☆☆☆☆☆☆☆☆☆☆☆☆☆☆☆☆☆☆☆☆☆☆☆

　　多年以来，某建筑安装有限责任公司就坚持推行安全隐患排查表制度。企业设计了详细科学的排查表，内容包括发现人、联系电话、单位名称、发现时间、隐患名称、隐患点位、隐患描述、建议采取措施等内容。企业明确各部门、各施工队组织专人进行排查和填写，其中在作业现场的关键点位的醒目位置进行张贴。

　　2019年9月19日，该公司第三建筑施工队在某住宅小区施工。其中在临街的17号楼处，安全员发现了街道两侧有高压线，距离楼体仅有3米左右，存在很大的安全隐患。于是安全员详细填写了该处的安全隐患排查表，张贴在楼体临街这一面的墙体上，这引起了该施工队负责

人的高度重视。于是施工队负责人在该处专门设置了一道非常坚固的安全防护网，在防护网内架设相关施工设施。该做法有效保证了施工人员的施工安全，避免事故发生。

☆○☆○☆○☆○☆○☆○☆○☆○☆○☆○☆○☆○☆○☆○☆○

该建筑公司通过在醒目位置张贴安全隐患排查表，并根据作业现场环境情况，专门设置了坚固的安全网，有效避免了高压线可能对施工人员带来的重大伤害事故，设置的安全防护网等于为员工构建了一道坚固的生命安全屏障。

鉴于制定安全隐患排查表的重要性和必要性，我们要学习掌握安全隐患排查表制定填写的技巧，让其有效发挥安全事故"风向标"和"指挥棒"作用。综合安全生产领域各行业特点，安全隐患排查表具体包括以下几方面内容。

（1）企业贯彻执行安全生产法律法规、规章制度、规程标准的情况及落实安全生产责任制建立情况。

（2）企业执行高危行业安全生产费用提取使用、安全生产风险抵押金交纳等经济政策的情况。

（3）企业安全生产重要设施、装备和关键设备、装置的完好状况及日常管理维护、保养情况，劳动防护用品的配备和使用情况以及危险性较大的特种设备和危险物品的存储容器、运输工具的完好状况及检测检验情况。

（4）企业对存在较大危险因素的生产经营场所以及重点环节、重大危险源普查建档、风险辨识、监控预警制度的建设及措施的落实情况以及重大危险源普查、登记、建档、申报和监督管理情况。

（5）企业对安全事故报告、处理及对有关责任人的责任追究情况。

（6）企业安全基础工作及教育培训情况，特别是企业主要负责人、安全管理人员和特种作业人员的持证上岗情况和生产一线职工（包括农民工）的教育培训情况，以及劳动组织、用工等情况。

（7）企业应急预案制定、演练和应急救援物资、设备配备及维护情况。

（8）企业对新建、改建、扩建工程项目的安全"三同时"（安全设施与主体工程同时设计、同时施工、同时投产和使用）执行情况。

（9）企业对道路设计、建设、维护及交通安全设施设置等情况。

（10）对企业周边或作业过程中存在的易由自然灾害引发事故灾难的危险点排查、防范和治理情况等。

企业制定安全隐患排查表是一件实实在在的工作，而不是"面子工程"和"表面文章"。在现实中，有些企业制定安全隐患排查表，主要目的是应付上级督导检查，只是象征性地找人随便填写一下，而不是具体结合生产实际，在深入细致摸排基础上认真填写。这种做法存在很大危害，这样一来，企业安全隐患排查表等同虚设，无法让其发挥应有的作用，不利于及时发现和科学排查各类安全隐患。

安全隐患排查工作对企业发展十分重要，掌握科学的方法技巧也是十分有必要的。正所谓"小小一张排查表，作用发挥不得了"，它是一件保证企业安全隐患排查的科学性和有效性的"法宝"和"利器"，也是保障员工生命财产安全的一张"护身符"。

 5. 着眼于细处，隐患排查无死角

安全隐患有各种各样的表现形式，并且有很多隐患非常隐蔽，如果我们不仔细加以鉴别，认真细致地进行排查，这些隐患就容易成为"漏网之鱼"，仍然会潜藏于生产经营的各个环节，威胁着企业安全生产秩序和员工的生命健康安全。在隐患排查过程中，要充分着眼于细处，坚持全领域、全方位、全覆盖、无死角，不放过任何蛛丝马迹，确保安全防范措施落实到位。

随着时代的发展和科技的进步，安全隐患也呈现出日益复杂多变的态势，隐患的种类更多样，表现形式更复杂，排查难度也日益增加。这就要求企业及员工要树立与时俱进的思想观念，不断增强责任意识和忧患意识，时刻绷紧安全生产这根弦，为企业安全稳定和发展壮大打下牢固的安全基础。

近年来，在安全生产领域，屡屡发生因安全隐患排查不细致、前期防范措施做得不到位而产生的各种安全事故，给不少企业造成不同程度的财产损失，也让很多员工失去健康和生命。

☆☆☆☆☆☆☆☆☆☆☆☆☆☆☆☆☆☆☆☆☆☆☆

某轧钢厂工人谢某、吴某和宋某正在吊装钢槽，其中谢某操作吊车，吴某在吊车旁边六米高的脚手架顶部作业，宋某在下边指挥。在吊装一个大型钢槽时，钢槽离开地面产生摆动，宋某发现后，赶紧朝操作吊车的谢某大喊一声："小心，下放！"但为时已晚，巨大的钢槽受惯性影响，摆动幅度越来越大，正好扫到脚手架下端，脚手架当即被撞倒，导致在上面作业的吴某重重摔落到地面上。经紧急送医后，吴某因伤势过重，造成高位截瘫。

☆☆☆☆☆☆☆☆☆☆☆☆☆☆☆☆☆☆☆☆☆☆☆

调查人员在对事故分析过程中发现，产生这起安全事故的主要原因是安全隐患排查不细致、不到位。在施工前，负责安全的人员没有对作业现场的风险隐患点进行细致彻底排查，存在隐患死角。如吊装钢槽位置和脚手架距离过近，没有预估到钢槽可能会产生异样走位对脚手架产生影响。脚手架在安装好后只是简单锁住了底部的轮子，而没有采取进一步加固措施。同时吴某在高空作业，未正确佩戴安全带等劳动防护用具，同样存在安全隐患。

如果负责安全的人员对现场的风险隐患点排查得仔细一点，这起悲剧就不会上演。隐患的最大特点就是隐藏不露，在安全生产中，必须重视小隐患，实行常态化严格管理，执行严密的事故排查制度。纠正一个隐患就有可能挽救几条人命，更有可能挽救几个家庭。

隐患不除，安全难保。为了保证企业生产经营秩序稳定、安全、有序，各级各类企业要清醒认识到，要把隐患当事故来对待，细而又细、慎之又慎、实而又实地开展好排查工作。排查隐患过程中，要从小处着眼、细处着手，做到四个"见底"：既让各类显性隐患见底，又要让各类隐性隐患见底；既做到隐患数量见底，又做到隐患成因和危害见底。

对于各类显性隐患，相对容易被发现，只要我们深入生产经营各个环节，认真开展排查，这类隐患相对容易浮出水面。

对于不容易被发现的隐性隐患，需要我们用"鸡蛋里挑骨头"的较真态度，认真细致、一丝不苟地进行排查。这类隐性安全隐患潜藏得比较深，而它们的危险性不亚于显性隐患。俗话说得好，明枪易躲，暗箭难防。对隐患排查一定要谨小慎微，有一点忽视，就可能导致大事故的发生，生命被毁灭，财产受到损失。对隐患排查得越仔细，越是对生命的负责，越是对企业发展的负责。

☆☆☆☆☆☆☆☆☆☆☆☆☆☆☆☆☆☆☆☆☆☆

某机械厂在安全隐患排查中，坚持从小处着眼、细处着手，强化隐患排查治理，明确要求企业全体人员以"微视角"深入现场查问题，全面消除管理盲区和隐患死角。在具体实践中，该企业实施职工岗位自主排查、班组动态排查、干部走动排查、安全专项检查"四查"相结合方式，让从业人员戴着"显微镜""系统扫描"各类安全隐患。对排查出的各类隐患，全部实行分级治理，由专人负责，建立了隐患排查治理台账，针对不同隐患的等级、性质和表现，逐一明确整改方案、整改责任人及整改期限，确保隐患排查实现闭环管理。如该企业对高空、高温、临时用电、油品装卸等危险动态作业、临时性作业，严格执行审批制度和现场管理，切实提高防范遏制安全生产事故的能力和水平。

同时，该企事业要求各部门负责人及班组长、安全员，每周对所属区域开展一次安全隐患自查活动，对一些重点岗位、班组、点位进行全面隐患排查，确保把安全关口前移到作业现场和生产一线，真正做到把隐患当成事故对待，把苗头当成事故处理，让隐患无处藏身。

☆☆☆☆☆☆☆☆☆☆☆☆☆☆☆☆☆☆☆☆☆

该企业在安全隐患排查中的细致入微和扎实有序，在企业内部形成了上下齐抓共管、安全落地有声、踏石留印、抓铁有痕的工作作风，为消除安全隐患、筑牢安全防线奠定了坚实基础。我们一定要高度重视隐性安全隐患，要千方百计地把它们找出来，消灭掉。

我们常说"凡事只怕认真"，一认真就会细致，一细致就会把各类问题兜上来、找出来、消除掉。安全生产不能心存侥幸，越是微小越不能放松警惕，只有每个人把安全工作的切入点提前，截断隐患向事故转变的路径，企业的长治久安才不会是水中月、镜中花。

6. 熟悉隐患排查程序，按流程"查漏洞"

隐患排查对于预防事故的发生起着至关重要的作用，只有认真做好排查工作中的每一道程序、每个细节，才能防微杜渐，才能保证长久的平安。我们在开展安全隐患排查的过程中，需要熟悉掌握隐患排查的程序，做到有序排查、有条不紊。切不可盲目随意，无序进行。按流程"查漏洞、补短板"，能大幅提高安全隐患排查的效率。

☆☆☆☆☆☆☆☆☆☆☆☆☆☆☆☆☆☆☆☆☆☆

某通信公司员工施某接到领导通知，到某路段开展移杆作业。在施工地段，几日前有挖掘机进行作业，导致该路段的部分杆路出现松动和破裂现象。施某并不熟悉安全隐患排查的程序和步骤。在作业现场，没有对施工路段周围环境和杆路是否存在破裂、松动等情况进行细致排查，也未对风险隐患点进行充分的评估和分析。他只是简单察看了一下现场状况后，就戴上安全帽、系上安全带登上了45号杆开展作业。当作业完成后，施某顺着杆下来，不料下到中部位置时，45号杆突然发生断裂，施某连人带杆的上半部分重重地摔到地上。现场其他人员第一时间把施某送到医院，经医院诊查，施某为脊椎爆裂性骨折。

☆☆☆☆☆☆☆☆☆☆☆☆☆☆☆☆☆☆☆☆☆☆

安全是头等大事，不仅关系着企业的生存发展，更关系到每个人的喜乐平安。施某遗漏了隐患点而贸然开展作业，因此发生安全事故。

企业员工熟悉掌握安全隐患排查的程序非常重要，也非常必要。企业隐患排查治理的工作程序主要包括以下五个步骤。

（1）隐患填报。主要是企业通过自查、互查、相关部门检查等方式，填报安全隐患排查表、登记册、工作台账资料等，形成隐患排查原始档案资料，为下一步开展好深入排查工作提供科学依据和重要参考。具体操作时，要准确、详细、完整、客观地填报隐患的相关信息，杜绝虚假、不准、不全的信息。

（2）隐患整改。在完成前期填报资料的基础上，企业要对梳理出来的问题隐患分门别类，组织有关力量逐一进行分析论证，共同研究制定出不同隐患排查的工作目标、工作措施、工作步骤、时间阶段和工作保障等内容，之后有序进行整改落实。整改措施的制定也要遵循科学规范、简便易行原则。这个步骤是排查问题隐患的关键环节，需要细致、严谨、全面进行整改，确保排查出来的问题隐患全面整改到位。

（3）隐患复查。隐患复查的过程相当于患者治疗一段时间的"复诊"，是对前期隐患排查整改情况的再梳理、再回顾、再总结、再提升。因为在安全生产过程中，一些问题隐患整改完成后，容易发生问题反弹。这就需要企业经常对有关的风险隐患经常进行"回头看"，发现问题反弹或出现新的风险隐患点，要积极采取新的措施继续深入整改，直到问题隐患彻底消除为止。

（4）隐患签转与撤销。当相关的问题隐患得到全面彻底的整改落实后，需要相关人员对已经处理过的隐患进行签转与撤销，把问题隐患及时销号处理，以便于腾出更多精力去排查新的风险隐患点。如果已经排查过的问题隐患不及时签转和撤销，就容易干扰相关人员的判断，容易做一些无用功，从而导致浪费时间、精力以及人力、物力和财力。

（5）隐患统计上报。企业排查处置完善的安全隐患，要建立专门台账，形成资料和报表，及时呈报上级主管部门进行备案，为上级部门督导检查、跟踪落实提供依据和参考。这个步骤完成后，风险排查的程序就完成了一个完整的闭环链条。

在隐患排查程序中，企业要做到整改措施到位、责任到位、资金到位、时限到位和预案到位，按照"五到位"要求进行严格控制管理。有条件的企业可以通过现代信息技术手段进行辅助管理，这样有利于实现隐患排查程序的现代化、信息化和科学化目标。

与隐患排查程序相对应的具体操作步骤包括五个环节，即安排部署阶段、自查自纠阶段、整治整改阶段、巩固提升阶段和总结上报阶段。这五个步骤也是一个闭环管理的体系，我们在安全隐患排查过程中，要加强分析研究，保障这五个步骤清晰明了、自然衔接，从而保障隐患排查工作科学高效开展。

第三章

事故有规律，将事故扼杀在"征兆"阶段

透过现象看本质，事故的发生往往都有其规律，发生前也有一定"征兆"。我们需要练就"火眼金睛"，对其规律进行认真分析研究，准确掌握事故发生的前兆、隐患点、表现形式等特征，采取科学有效的预警防范措施，消除生产和管理中的不安全因素，将事故扼杀在"征兆"阶段。

1. 会排查、懂征兆、能识别、灭苗头

各类安全生产事故在发生前，往往都有一定的征兆和异常表现，只有掌握排查要领，明白事故前的征兆表现，精准识别，及时消灭，才能有效防范化解各类安全事故。

☆☆☆☆☆☆☆☆☆☆☆☆☆☆☆☆☆☆☆☆☆☆☆☆☆

2020 年 7 月 13 日，某汽车配件公司发生一起火灾事故。当日下午 3 时许，该企业第二仓库 5 名工人正在搬运胶条坯料，这时，突然在仓库西北角处出现一道火弧，瞬间引燃了旁边散落在地上的胶条料边。其中一名员工最早发现，他大叫一声："着火了!"随即其他 4 名员工也发现了情况。他们一边大声呼救，一边找来灭火器扑救，同时赶紧报警。大概 10 分钟后，消防救援车及时赶到，员工撤离现场，由专业人员扑救。因为胶条是易燃品，火势尽管被很快扑灭，但仍然造成直接经济损失 120 余万元，所幸本次事故无人员伤亡。

在事故原因分析中发现，引起本次火灾事故的直接原因是该仓库西北角的电闸短路。经进一步分析发现，该仓库西侧车棚内有一个电动车充电插排，从该仓库内的电闸处接的线，插排因有一部分裸露在外面，外皮绝缘层老化，导致电线粘连，引起了短路。

☆☆☆☆☆☆☆☆☆☆☆☆☆☆☆☆☆☆☆☆☆☆☆☆☆

每一起事故都有苗头呈现在我们面前，我们如果对事故征兆不敏感、不注意，就难以及时消除事故苗头，会让其在不知不觉中发展演变，最终酿成安全事故。如果我们及早做好准备，提前发现征兆，提前

防备，就能阻断事故的发生，或者使事故的损失降到最小。对各类安全事故征兆的排查、识别和消除，需要我们具备强烈的安全意识、高度的责任心以及精湛的技术能力。在苗头未能化为事故之前将其扑灭，事故也就无机可乘了。

在安全生产领域，根据行业不同和事故类别不同，安全事故征兆主要可分为以下 6 类。

（1）火灾爆炸事故征兆：点火源附近有易燃易爆品或可燃物品；生产车间、仓库等场所冒出烟雾；作业现场存在明火、静电火花、雷击火花等；电气线路老化；从业人员违章吸烟、违规操作等。

（2）触电事故征兆：电气设备、线路在设计安装上存在缺陷，缺乏必要的检修维护；设备线路存在漏电、短路、接触不良、接头松动、绝缘层老化、击穿等；配电用电设备没有保护接零、漏电保护、安全电压等必要的安全技术支撑；电气设备运行管理不得当；人员带电作业、违章操作等。

（3）机械伤害事故征兆：物料堆放位置过高、堆放不稳定、不整齐、工具摆放无序；装卸搬运过程中发生物体坠落；生产环节结构件旋转不规范、有倾倒现象；作业人员违章操作等。

（4）灼烧事故征兆：作业人员不小心接触高温设备外壁；高温蒸汽泄漏、磷化液喷溅；作业人员未规范佩戴安全防护用具；违规作业等。

（5）起重伤害事故征兆：吊车起吊方式不恰当；物料捆绑不牢固引发的脱钩、物料散落或摆动伤人；违反操作规程要求的行为（比如，超重起吊、从业人员处于危险区域造成伤亡和设备损坏，司机不按操作规程使用限重器、限位器、制动器等，或者不按照规定及时归位、锚定等）；安全人员指挥不当；员工协同作业动作不协调一致造成碰撞；吊具老化、失效（比如，吊钩、钢丝绳、网具等物品老化、风化、损坏无法保护重物而引发的坠落）等。

（6）车辆伤害征兆：司机无证驾驶、酒后驾驶、疲劳驾驶等；车速过快；司机注意力不集中；交通引导信号不精准、作业环境恶劣、过往行人违章通行；车况差、制动不灵；司机违章操作或误操作等。

了解了重点领域安全事故征兆的表现形式，我们才能做到有针对性地预防，不放过每一个征兆。

☆☆☆☆☆☆☆☆☆☆☆☆☆☆☆☆☆☆☆☆☆☆

2019年7月12日，某建筑公司施工队正在某住宅小区实施楼体外墙安装保温层作业。在施工队长安排下，作业人员张某安装脚手板。这时，张某发现其中一块松木脚手板一面出现了崩裂问题，裂纹并不大，是由于木质的自然纹理造成的。张某把这个情况告诉了施工队长，施工队长认真察看了这块脚手板，判断这块板确实存在安全隐患，就果断地让张某换了一个新的脚手板。后来，施工队长对这块出现裂纹的脚手板进行了压力测试，结果，当这块板承压达到110公斤的时候，就断开了。后来，该施工队专门表扬了员工张某，是他的认真细致，及时发现了事故征兆和隐患点，才避免了安全事故的发生。

☆☆☆☆☆☆☆☆☆☆☆☆☆☆☆☆☆☆☆☆☆☆

该事故的成功防范，就在于作业人员张某及时发现了征兆，施工队长处置措施得当，避免了事故的发生。企业员工如果能以认真负责的态度，通过苗头和征兆查问题、找漏洞，就能准确发现事故征兆和危险点，有效防范事故的发生。

排查出安全事故征兆后，企业与相关人员应当迅速采取积极措施进行消除。在具体实践中，我们可从以下几方面去消除事故征兆。

（1）引起重视。发现事故征兆后，领导要高度重视，不能盲目指挥。在事故征兆处置中，企业领导起着"风向标"作用，尤其是企业第一责任人，更需要以身作则、率先垂范，不能把"严管"变成"言管"，不熟悉掌握相关知识技能，就会成为安全管理的门外汉，不仅不能服众，也不利于事故征兆的及时处理解决。

（2）提升技能。企业在生产经营活动中，要注重对员工开展事故征兆发现、识别、消除的知识技能培训，不能让员工仓促上岗。对于生产经营中出现的异常情况和事故征兆，要引导全体员工有所警惕、学会排查、懂得化解，避免发生事故征兆后手忙脚乱，乱了方寸。

（3）整改反思。对于生产经营中出现的事故征兆，我们要进行全面剖析，根据事故征兆的表现特征，制定消除措施，之后认真总结，吸取教训，避免今后再出现类似问题。

事故发生之前有征兆，平时我们应该注重对征兆的观察和总结，把安全时时放在心上，把安全时时握在手中，就能保证自身的安全，也就能让幸福平安常常伴随我们左右。

 ## 2. 事故征兆面前切不可心存侥幸

每一起安全事故在发生前，都有一定征兆，面对这些事故征兆，有些员工存在侥幸心理，即使发现了事故的苗头，也不能引起足够重视，认为问题不大，应该不会出事。但事实上，往往是这种侥幸心理让人产生了"可能""应该"之类的想法，放任了这些事故苗头发展下去，直至酿成安全事故。侥幸心理给安全生产埋下了很多思想隐患，其危害不容低估。

☆☆☆☆☆☆☆☆☆☆☆☆☆☆☆☆☆☆☆☆☆☆

　　某化肥厂二车间维修工姜某、李某正在值班。当日下午4时许，姜某为第一台设备加完油后，需要再给相邻的另一台设备加油。按照安全操作规程要求，姜某应该从第一台设备脚梯下来之后，再爬上第二台设备进行加油。但姜某觉得下来再上去太麻烦，况且两台设备相距不过80厘米，于是他想直接从第一台设备上面横跨过去。当姜某横跨时，没有注意到头顶上方的横梁，头部撞在横梁上发生反弹，导致姜某当即坠落，恰巧落到身体下方的正在运行的大型碳酸钙皮带运输机上，姜某的身体被卷入皮带中。在下面的李某发现问题后，赶紧拉下传送机开关。尽管这样，姜某还是因为伤势过重，被紧急送医后不治身亡。

☆☆☆☆☆☆☆☆☆☆☆☆☆☆☆☆☆☆☆☆☆☆

　　姜某之所以发生重大安全事故，主要原因是他违章操作。他没有注意两台设备中间的横梁和下方的运输机。怀着侥幸心理图省事，结果却坏了大事，失去了宝贵的生命。在安全生产领域，大量的事实表明，在事故征兆面前如果心存侥幸，违规操作，就会让各类安全事故从"可能"变为"必然"。

　　员工在事故征兆面前存在侥幸心理，是因为这类员工缺乏严谨认真的态度和坚持到底的韧性，在事故征兆面前表现出一种懒散的行为方式。从心理行为学角度分析，员工在事故征兆前的侥幸心理，也是员工对安全事故结果过于自信而存在的一种盲目乐观、不负责任的一种心理状态。

　　在航空领域，有一个著名的海恩法则，即每一次严重事故的背后，必然有29次轻微事故和300起未遂先兆以及1000起事故隐患。其核心主张是任何不安全事故都是可以进行预防的。如果员工能够提前发现和排除这些前兆和隐患，就能有效预防事故发生。

海恩法则很适用于安全生产管理。很多企业在安全事故的认识和态度上存在误区，比较重视对事故发生后的总结反思和警示教育，在事故结束后，大张旗鼓地开展安全生产大检查，而对事故的征兆和苗头性的问题抱有一种侥幸心理，不能引起足够的重视。

海恩法则对企业是一种重要的警示，它充分表明任何事故都有原因，有前期的征兆，这些征兆如果能引起我们足够的重视，安全事故是可以控制和避免的。具体来说，利用海恩法则影响我们在事故征兆中破除侥幸心理，应当从以下几方面做起。

（1）实行生产过程程序化。过程程序化是发现事故征兆的前提条件。企业在生产活动中，所有生产过程都要进行程序化管理，做到整个生产过程都能够细化和考量。

（2）明确划分责任。在生产的各个环节，每个程序都需要企业明确划分落实相应的工作责任，使每个环节和过程都可找到对应的负责人和责任人，教育引导相关人员充分重视安全事故征兆，不可出现侥幸心理和麻痹思想。

（3）详细列出事故征兆清单。企业要针对生产过程中各个环节、细节，明确专人反复现场检查，全面查找各类事故的征兆，列出事故征兆清单，印发全体员工，增强员工对事故征兆的敏感意识。

（4）及时报告和排除事故征兆。在生产过程中，员工发现的任何事故征兆，都要在列出清单的同时，及时向安全负责人报告。与此同时，相关责任人要及时采取措施排除这些事故征兆，避免安全事故的发生。

一次违章可能不会出事，但次次违章肯定会出事。有侥幸心理的员工，总是以为事情不会这么巧，事故不会落到自己头上。我们常说机遇偏爱有准备的头脑，而事故也会偏爱有侥幸心理的"违章汉"。每一次在侥幸心理驱使下的违章，都是在拿自己的生命当儿戏，把自己的人身安全当赌注，迟早会付出惨痛的代价。

3. 生产设备的"小异样"，可能是大事故的前兆

设备是保证企业生产经营活动有序进行的重要物质基础。设备完好、运行正常、维护及时，能让整个生产经营过程自然流畅、有序衔接。如果设备存在故障，并且不能得到及时排除，就会对生产活动带来很大负面影响，引发安全事故。

设备故障直接影响生产秩序和安全，所以我们首先要掌握了解常见的设备故障主要包括哪些类型，以及有什么表现。总体可概括为机械、刀具、电器、胶系统、材料及其他原因六个类别的故障。

（1）机械故障。比如，某些生产设备出现轴承卡死、轴承磨损、机械部位位置调整不适当，以及零部件损坏等，都易导致设备故障。

（2）刀具故障。有些带刀具配件的生产设备，在生产过程当中，会因刀具老化、不当调整、尺寸规格不匹配等问题而使设备产生故障。

（3）电器故障。在生产过程中，很多设备需要电力驱动，在生产过程中，有时会发生因电器原件损件导致控制系统出现问题，出现电路电器组件问题而使设备不能正常运行。比如，电器元件程序异常、继电器故障、漏电保护器故障等。

（4）胶系统故障。有些生产设备属于注胶、喷胶、挤出胶等类型，这类设备在运行过程中，由于胶头堵塞、漏胶、少胶或挤胶不畅等原

因，容易产生设备异常问题。

（5）材料故障。有些生产设备在运行过程中，会受材料的颜色、厚度、硬度、规格、尺寸等因素影响而造成故障停机。

（6）其他故障。除以上类型设备故障外，还有些人为等因素引发的设备故障。比如，员工误操作、备料错误等原因，也容易产生设备故障。其中，严重的误操作或违规操作，还可能让设备出现重大故障，甚至会引发安全事故，需要我们充分重视。

生产中，所用的机械设备通常存在一定的使用寿命期限，在使用过程中出现故障和异常在所难免。我们需要做的是在设备出现异常的前期，采取积极措施去排除或减少故障。

判断故障的方法可以用"听、看、摸、闻"四种方法进行。听，就是通过听机器设置运行的声音与平时有无区别，如果出现声音过大、杂音等问题，就有可能是设备出了故障；看，就是通过现场察看的方式，检查机器设备有无零部件磨损、螺丝松脱、皮带松等问题；摸，就是在设备温度等安全指标允许的情况下，用手触摸设备表面，感觉有无发热震动等问题；闻，就是靠嗅觉感知设备在运行中是否产生异常气味。

在生产过程中，当我们发现设备出现异常情况时，不能视而不见、听而不闻，需要做到以下三点。

（1）立即停止。在作业过程中，发现了设备出现异常现象，要立即停止设备运行，并挂上警示牌。切不可在明明发现设备出现问题的情况下，仍然不引起重视，还继续让设备运转，这样做非常危险，容易导致设备失常，有时甚至会让设备产生重大故障而报废，或者引起重大安全事故。

☆☆☆☆☆☆☆☆☆☆☆☆☆☆☆☆☆☆☆☆☆☆☆☆

2019 年 7 月 13 日，某化工厂高压气体装置在运行过程中，员工项某发现了压力仪表略微超出正常值，仪表指针向黄色区域偏移了一些。项某认为问题不大，只是压力略大一些，压力表指针距离表示异常的红色区域还远，就没有向班组长汇报，也没有采取处理措施。过了约一小时后，该气体装置突然发生爆炸，导致包括项某在内的 13 名作业现场员工重伤 7 人、死亡 5 人。在后期事故原因调查中发现，发生该事故的主要原因是高压气体装置出现了异常和故障。项某发现了压力失常问题，但没有充分重视，也未及时采取措施排除气体装置故障，从而引发安全事故。

☆☆☆☆☆☆☆☆☆☆☆☆☆☆☆☆☆☆☆☆☆☆☆☆

也许，以前也出现过类似情况，没有引发事故，所以项某也就不太在意，结果导致了安全事故的发生。安全管理上的一个著名的定律叫墨菲定律，它忠告我们：面对人类自身的缺陷，我们要想得更周到、全面一些，采取多重保险措施，防止偶然发生的人为失误导致的灾难和损失。由此可见，如果项某发现了设备异常，及时停止，这起事故本可避免。

（2）迅速报告。在生产过程中，我们如果发现了设备不能正常作业时，应该迅速向值班班组长和主管领导汇报情况，由相关管理人员组织专业人员前来查看，根据实际情况采取相应的处置措施。

☆☆☆☆☆☆☆☆☆☆☆☆☆☆☆☆☆☆☆☆☆☆☆☆

2016 年 3 月 23 日，某印染厂正在生产。在作业过程中，第二车间包装组员工罗某发现 3 号机组出现皮带轮松动打滑现象，致使履带上的产品出现卡顿问题。罗某立即向车间主任何某报告了情况。何某立即带领技术人员前来察看。在关闭电源停机后，技术人员叶某认真察看了出现故障的 3 号机组。发现该机组的一条皮带绞口连接处出现了虚位脱扣问题。叶某立即从配件库房中找来一条新皮带更换上，然后开机试运行，确定机械能够正常运转后，罗某等员工才又开始了正常的操作作业。

后来，车间主任向企业领导及时汇报了有关情况，企业领导对车间主任以及罗某、叶某等员工给予嘉奖。

☆☆☆☆☆☆☆☆☆☆☆☆☆☆☆☆☆☆☆☆☆

机器和人一样，也有寿命，机械部件也在不停地磨损消耗。一个小部件的损坏，也可能使整个系统崩溃，所以我们要时刻谨记隐患无处不在，不出事不等于没有事。及时发现设备异常问题，就要及时报告、及时处置，避免故障进一步发展，也有效避免了可能会引发的其他事故。

（3）等待处理。当我们发现设备出现异常和故障时，如果是一些细微的小问题，比如，螺丝松动、水位油位偏低等，而且自己完全能够自主处置的情况下，可以在保障安全的情况下，及时采取处置措施。如果自己不懂，千万不要贸然去处置，而要迅速报告并等待专业人员前来处理。

安全生产中，设备出现任何异常和故障，都可能会导致设备运行不正常，都可能会引发安全事故，对企业生产和员工生命安全造成威胁。这就需要我们有一双慧眼，要有充分的知识和丰富的生产实践经验，对生产设备的正常工作状态、性能非常熟悉，发现问题后，立即上报，杜绝等一等、拖一拖的想法和念头，把问题解决在萌芽状态。

4. 危险品排查，要专业更要认真

在安全生产领域，有些行业属于危化行业，有生产、经营、运输危险品的业务。危险品本身就具有潜在威胁，因此，相关企业要以严谨认真的态度和专业精细的措施，加强各类危险品的管理和排查，确保各类危险品在可控范围内生产、经营和运输。

危险品一般是指易燃、易爆、有强烈腐蚀性、有毒或放射性等物品的总称。比如，我们常见的汽油、天然气、液化气炸药，以及强酸、强碱、苯、萘、赛璐珞、过氧化物等。危险化学品事故具有如下特点：一是突发性强，不易辨别；二是救援、救治难度大；三是污染环境，破坏严重。危险品事故带来的后果是极其严重的。所以为了保证生产安全和员工人身安全，我们需要加强各类危险品的排查和管控。

☆☆☆☆☆☆☆☆☆☆☆☆☆☆☆☆☆☆☆☆☆☆☆

2019 年 5 月 11 日，某化工公司发生一起中毒窒息事故，造成 3 人死亡、7 人中毒受伤，直接经济损失约 650 万元。事发当日上午 10 时许，该公司 10 名维修作业人员在 2 号车间开展制气釜维修作业。因为该企业前期已经停产 4 个月，10 名作业人员认为制气釜已经没有有毒气体了，所以在作业时，他们都没有按规定穿戴防毒面罩等防护用具。但实际情况是，在该企业停产期间，制气釜内气态物料并未进行退料、隔离和置换处理，导致釜底部聚集了高浓度的氧硫化碳与硫化氢混合气体。维修作业人员没有采取任何防护措施而进入制气釜底部作业，很快就吸入了有毒气体造成中毒窒息，发生了人员伤亡事故。

☆☆☆☆☆☆☆☆☆☆☆☆☆☆☆☆☆☆☆☆☆☆

在生产领域，但凡危险品都有比较大的危险性和伤害性。如果处置不当、不加防护、违规操作，就很容易产生安全事故。如果该企业在停业期间，能够组织专业人员对制气釜内气态物料进行退料、隔离和置换处理，如果10名员工在作业前进行了充分的实地测验，如果他们规范穿戴了安全防护用具，那么，这起事故完全可以避免。涉及危险品生产、经管、运输的企业，一定要妥善处置各类危险品物料，对相关设备严格检查，员工则要严格执行作业环境规范穿戴防护用具的要求，进行规范作业，这样才能最大限度保障安全。

企业对危险品排查过程中，需要根据危险品的主要危险性进行分别鉴别。在相关生产领域，危险品大概可以分为如下七类。

（1）爆炸品。指在外界作用下（如受热、撞击等），能发生剧烈的化学反应，瞬时产生大量的气体和热量，使周围压力急骤上升，发生爆炸，对周围环境造成破坏的物品，也包括无整体爆炸危险，但具有燃烧、抛射及较小爆炸危险，或仅产生热、光、音响或烟雾等一种或几种作用的烟火物品。

（2）易燃物。主要包括易燃的气体、混合气体等易燃气体和易燃的液体、液体混合物或含有固体物质的液体以及易燃固体等。

（3）氧化剂。指处于高氧化态，具有强氧化性，易分解并放出氧和热量的物质以及分子组成中含有过氧基的有机物。

（4）毒害品。指进入肌体后，累积达一定的量，能与体液和组织发生生物化学作用或生物物理学变化，扰乱或破坏肌体的正常生理功能，引起暂时性或持久性的病理状态，甚至危及生命的物品，以及含有致病的微生物，能引起病态，甚至死亡的物质。

（5）放射线物。指有放射性的物品。

（6）腐蚀品。指能灼伤人体组织并对金属等物品造成损坏的固体或液体。

（7）杂类、海洋污染物。

由于危险化学品具有腐蚀、污染、爆炸、毒害等危险特性，如果在生产、运输、装卸和储存过程中，因外界条件作用引起各种事故，不仅会造成大量人员伤亡及巨大财产损失，次生危害也可能延续许多年。所以我们一定要高度重视危险品安全隐患排查工作。在具体操作过程中，企业和员工可通过以下几种方式开展危险品排查。

（1）日常排查。是指危险品生产、经营、仓储、运输等相关企业，平时要经常组织班组、岗位员工交接班检查和班中巡回检查，检查内容主要包括危险品生产工艺、设备、电气、仪表、安全等专业技术领域方面的常规性检查。

（2）综合排查。涉及危险品领域的相关生产经营单位，需要落实安全责任制、相关专业管理制度和安全生产管理等制度，组织有各相关专业人员和相关部门共同参与的全面检查。

（3）专业排查。主要是相关企业对危险品生产过程中的总体安排、生产工艺、生产设备、电气装置、仪表装置、储运环节、消防设施和公用工程等内容和系统，分别进行专业技术检查。

（4）季节性排查。主要是指根据季节变化特点，分别对危险品开展的专项检查和排查。其中，春季要重点排查防雷、防静电、防解冻泄漏、防解冻坍塌等情况；夏季要重点排查防雷暴、防暑降温、防设备容器高温超压、防台风、防洪涝等内容；秋季要重点排查防雷暴、防火、防静电、防凝保温等内容；冬季要重点排查防火、防爆、防雪、防冻、防凝、防滑、防静电等内容。

（5）重大活动及节假日排查。在"安全生产月""安全大整治"等重大活动和节假日期间，相关企业要重点排查危险品装置生产是否存在异常状况和隐患、备用设备状态是否正常、备品备件是否充足、生产及应急物资储备是否规范齐全、保运力量安排是否到位、企业保卫力量是否薄弱、应急工作措施是否周密等。特别是节假日期间，企业要重点对领导带班、员工值守、机电仪器运行、紧急抢修力量组织、备件及各类物资储备和应急处置工作预案等情况进行重点检查。

 ## 5. 重视安全隐患整治，制订整改计划

在安全生产领域，事故是安全的大敌，隐患则往往是事故的"祸根"和"源头"。没有一家企业愿意发生事故，也没有一家企业愿意看到在生产经营过程中，被安全隐患影响和威胁。因此，企业需要充分重视安全隐患整治工作，结合生产经营实际，针对各类安全隐患点，制订科学可行的整改计划，约束指导企业全体员工认真执行，共同把各类安全隐患排查清楚、分析透彻、整改到位，从而保证企业健康平稳有序发展，保障员工生命安全。

安全隐患的存在，多因人的不规范行为导致。如果人为导致的安全隐患被发现后，被责令整改又拒不执行，仍然我行我素，则是一件非常危险的事情。

☆☆☆☆☆☆☆■☆☆☆☆☆☆☆☆☆☆☆☆☆☆☆☆

某市消防救援中队在全市开展了消防安全大排查大整治行动，该中队在市某工业园区内发现，部分人员违规搭建泡沫夹芯板板房，有些员

工私车占用堵塞园区内消防车通道，有的员工甚至把室外消火栓圈占在板房内，存在严重的消防安全隐患。对此，消防监督员对涉及的21名人员下发了《责令限期改正通知书》，但出于各种原因，这21名人员一直迟迟没有执行。此后的一天晚上，该工业园区3号仓库发生电路打火引发的火灾事故。但因为消防栓被圈占到板房内、消防通道被占用，救援受阻，导致2人死亡、13人受伤。

☆☆☆☆☆☆☆☆☆☆☆☆☆☆☆☆☆☆☆☆☆☆☆☆

消防安全隐患是事故隐患的主要隐患之一，现实中，一些企业和员工因为平时较少遇到火灾事故，就产生麻痹思想，对消防设施和人员管理、消防用品配备、应急救援演练等工作不够重视，而一旦发生事故，因各种防范措施的缺失，极容易延误救援工作而让事故进一步扩大和恶化。该工业园区，如果21名员工不存在违规搭建泡沫夹芯板房、不圈占室外消防栓、不堵塞消防通道，或许发生火灾后，能够及时得到有力、有序的救援，将事故造成的损失降到最低。

随着时代的进步和科技的发展，如今，在生产经营领域，生产技术越来越高超、生产设备越来越精良，各个生产环节中的安全隐患也随之越来越复杂多变，也正因如此，需要企业精心谋划制订安全隐患整治整改计划，组织企业全体人员认真去执行。

在企业整治整改安全隐患之前，需要制订科学严密的安全隐患整改计划。整改计划的内容主要包括以下几点。

（1）工作目标。即针对本企业实际，在安全隐患整改方面需要达到什么样的目标。

（2）工作重点。即就本企业而言，需要重点排查整改哪些方面的安全隐患，出发点、着力点分别是什么。

（3）工作措施。这部分内容是安全隐患排查计划的核心内容，主要包括针对各类安全生产隐患，如此分门别类地研究制定相应的整改措施。

（4）工作步骤。主要包括对不同类型的安全隐患，整改提升的步骤和环节。

（5）工作奖惩和要求。这部分内容主要包括安全隐患整治的组织机构框架体系、如何考核奖惩、如何营造工作氛围等内容，是对安全隐患整治整改工作的组织保障和激励约束。

当企业排查出事故隐患后，需要针对这些隐患，分别制订整改计划，然后按照计划有序落实整改工作。

☆☆☆☆☆☆☆☆☆☆☆☆☆☆☆☆☆☆☆☆☆☆☆

2017年5月，某化工企业通过为期一周的安全隐患大排查活动，共排查出5类23个风险隐患点。当问题隐患排查清楚后，该企业制订了详细科学的整改计划。主要包括规范临边洞口及出入口的防护、规范脚手架搭设、施工场地通道不堆物、做好安全标志、施工现场周边设置围挡设施等五方面。在此基础上，明确了整改措施、整改流程、整改职责、整改资金、整改时限等内容，然后分步实施，使发现的所有问题隐患全部得到妥善处置。在该企业的影响带动下，该市同行业8家企业也分别制订了隐患整改计划，全部取得了良好效果。

☆☆☆☆☆☆☆☆☆☆☆☆☆☆☆☆☆☆☆☆☆☆☆

企业发现隐患后，非常有必要根据隐患情况，制订出台相应的整改计划，在计划的指导下，有序开展隐患整改工作，这样才能够有效保障隐患整改彻底、不留死角，避免隐患演变成事故。

在安全隐患整改计划中，我们需要重点掌握如何做好安全检查与整改。

（1）检查整改要有目的性。企业安全隐患整改计划的要求和计划要明确具体。要聚焦关键领域、关键环节和关键点位，对可能会产生安全隐患的时间、地点、环境等情况经常检查，不能走过场，搞形式。

（2）注重开展巡回检查。在安全隐患整改的过程中，企业要认真执行巡回检查制度，明确责任部门和责任人的主体责任，合力做好巡检工作。尤其要重视交接班的检查，坚持做到隐患问题的交接交办和处置过程无缝衔接。

（3）重点做到"四个及时"。安全隐患排查整改需要时效性，有很多隐患需要迅速果断地进行及时处置。对于发现排查出的安全隐患，企业要及时查找发现安全隐患，及时进行汇报协调，及时组织整改解决，及时做好记录台账。

（4）加强督导检查。为提高隐患排查整改的速度和效率，企业要定期组织检查和不定期抽查，需要专项检查时定期组织专项检查，确有需要时，随时安排检查。一般来说，每个企业每月至少需要开展一次综合全面的检查。企业在开展各种类型的检查时，要重点加强对消防设施、防护用品、机具设备、车间用电、防火、防汛等方面的检查，还要经常对关键装置、重点部位加大检查频次，比如，企业每天都要开展一次对重大危险源的检查。

（5）落实安全隐患整改责任制。不检查就不知道隐患在哪儿，也谈不上整改，而检查和整改都是人在全程参与，必须明确隐患整改责任体系，从管理人员到普通员工，结合工作分工，都要明确不同的整改责任。因此，企业要全面落实安全隐患整改的责任，明确责任分工、工作要求、工作措施、完成时限和奖惩措施等内容。

（6）早发现、早汇报、早整改。整改安全隐患和问题，要讲求"快""早"，注重效率，不能拖延，以免误事。因此，企业在开展安全隐患排查时，务必要求全体从业人员做到早发现、早汇报、早整改，坚持做到以快补晚、以早抓防。

现实表明，安全生产隐患对企业安全具有很大威胁，企业必须高度重视，并结合自身生产经营实际，制订好整改计划。在落实整改计划的过程中，需要调动起方方面面的积极因素，形成你管、我管、大家管，全体员工共参与的工作格局。

第四章

做好安全生产教育培训，提高事故排查专业技能

通过排查各类事故隐患，可有效避免事故发生。事故排查需要我们具备一定专业技能。专业知识技能的获取，需要企业对员工加强安全生产教育培训，全方位提升员工的知识能力水平和排查事故隐患的实践能力。安全是每个员工的心愿，也是每个企业的愿景，强化安全培训，提高专业技能，才能为企业发展夯实基础，才能为生命安全撑起一片蓝天。

1. 学习安全知识，明白安全生产隐患分类

　　人生必需的知识是指引人走向光明方向的指路明灯。有了知识，人类社会才能由蛮荒走向文明，我们的科学技术才能不断发展，造福人类。知识是智慧的源泉，智慧是知识的结晶。在企业生产中，必要的生产知识可以提高生产效率，更可以保护我们的生命安全。

　　各种各样的安全隐患是生产事故的根源和诱因，如果不能准确识别它们的分类和特征，就不容易发现和排除。兵法上常讲："知己知彼，百战不殆。"在安全生产领域，只有认识了安全隐患的分类和特征，才能让我们对准靶心、精准发力、准确排除。

☆☆☆☆☆☆☆☆☆☆☆☆☆☆☆☆☆☆☆☆☆☆☆

　　某电子科技公司平时比较注重对员工开展安全知识宣传，尤其是每月定期开展一次安全隐患识别与排查的知识培训。2018年7月12日，该公司第二车间技术工叶某在工作期间，发现一台点焊机在运转过程中出现噪声异常增大问题。叶某根据平时学到的知识技能，初步判断出设备电子元件出了故障，他迅速向车间主任报告了情况。车间主任赶紧组织技术工刘某前来察看。经过停机检查测量，发现确实是该机器的一组电容管出现了故障。半小时后，刘某更换了电容管，该机器恢复了正常运行。

　　事后，技术工刘某说，幸亏叶某发现得及时，不然电容管一旦烧坏，机器的核心电路板将会被击穿，而这台机器又非常昂贵。叶某凭借自己掌握的安全知识，准确判断出设备故障，避免了机器设备出现损坏的事故。

☆☆☆☆☆☆☆☆☆☆☆☆☆☆☆☆☆☆☆☆☆☆☆

企业重视对员工开展安全知识技能培训，有利于提升员工的安全素质。很多时候，事故的发生，主要原因就在于操作人员没有娴熟的专业技能，缺乏必要的安全素养。在生产中，员工没有掌握基本的安全知识和生产知识，就不能提高自己防范事故的能力，容易陷入盲干、蛮干的误区。案例中的叶某通过参加公司的安全知识培训，提高了安全生产意识和业务能力，从而正确判断设备故障，保护了自身安全，也避免了企业的财产损失。

根据《安全生产事故隐患排查治理体系建设实施指南》的标准，将安全生产事故隐患划分为基础管理和现场管理两大类，其中基础管理包含 13 个类别，现场管理包含 11 个类别。

安全生产事故隐患基础管理类别如下。

（1）生产经营单位资质证照类隐患。主要是指生产经营单位在安全生产许可证、消防验收报告、安全评价报告等方面存在的不符合法律法规的问题和缺陷。

（2）安全生产管理机构及人员类隐患。主要是指生产经营单位未根据自身生产经营的特点，依据相关法律法规或标准要求，设置安全生产管理机构或者配备专（兼）职安全生产管理人员。

（3）安全生产责任制类隐患。未建立安全生产责任制或责任制建立不完善的，属于此类隐患。

（4）安全生产管理制度类隐患。生产经营单位缺少某类安全生产管理制度或是某类制度制定不完善时，则称其为安全生产管理制度类隐患。

（5）安全操作规程类隐患。生产经营单位缺少岗位操作规程或是岗位操作规程制定不完善的，则称其为安全操作规程类隐患。

（6）教育培训类隐患。生产经营单位未开展安全生产教育培训或是在培训时间、培训内容不达标的，容易产生教育培训类隐患。

（7）安全生产管理档案类隐患。生产经营单位未建立安全生产管理档案或档案建立不完善的，属于安全生产管理档案类隐患。

（8）安全生产投入类隐患。生产经营单位在安全生产投入方面存在的问题和缺陷，称为安全生产投入类隐患。

（9）应急管理类隐患。在企业生产管理中，应急机构和队伍、应急预案和演练、应急设施设备及物资、事故救援等方面存在问题和不足的，称为应急管理类隐患。

（10）特种设备基础管理类隐患。特种设备属于专项管理。凡涉及生产经营单位在特种设备相关管理方面不符合法律法规的内容，均归于特种设备基础管理类隐患。这类隐患主要包括特种设备管理机构和人员、特种设备管理制度、特种设备事故应急救援、特种设备档案记录、特种设备的检验报告、特种设备保养记录、特种作业人员证件、特种作业人员培训等内容。

（11）职业卫生基础管理类隐患。职业卫生也属于专项管理。凡涉及生产经营单位在职业卫生相关管理方面不符合法律法规的内容，均归于职业卫生基础管理类隐患。

（12）相关方基础管理类隐患。相关方是指本单位将生产经营项目、场所、设备发包或者出租给的其他生产经营单位。生产经营单位涉及相关方面的管理问题，属于相关方基础管理类隐患。

（13）其他基础管理类隐患。不属于上述隐患分类的安全生产基础管理类的不符合项，属于其他基础管理类隐患。

安全生产事故隐患现场管理类别如下。

（1）特种设备现场管理类隐患。特种设备包括锅炉、压力容器

（含气瓶）、压力管道、电梯、起重机械、客运索道、大型游乐设施和场（厂）内专用机动车辆，这类设备自身及其现场管理方面存在的缺陷。

（2）生产设备设施及工艺类隐患。主要是指生产经营单位生产设备设施及工艺方面存在的缺陷。

（3）场所环境类隐患。主要包括厂内环境、车间作业、仓库作业、危险化学品作业场所等方面存在的问题和缺陷。

（4）从业人员操作行为类隐患。主要包括"三违"行为和个人防护用品佩戴两方面的隐患。

（5）消防安全类隐患。生产经营单位消防方面存在的缺陷，称为消防安全类隐患。主要包括应急照明、消防设施与器材等内容。

（6）用电安全类隐患。生产经营单位涉及用电安全方面的问题和缺陷，称为用电安全类隐患，主要包括配电室，配电箱、柜，电气线路敷设，固定用电设备，插座，临时用电，潮湿作业场所用电，安全电压使用等内容。

（7）职业卫生现场安全类隐患。主要包括禁止超标作业，检、维修要求，防护设施，公告栏，警示标识，生产布局，防护设施和个人防护用品等方面存在的问题和缺陷。

（8）有限空间现场安全类隐患。主要包括有限空间作业审批、危害告知、先检测后作业、危害评估、现场监督管理、通风、防护设备、呼吸防护用品、应急救援装备、临时作业等方面存在的问题和缺陷。

（9）辅助动力系统类隐患。主要包括压缩空气站、乙炔站、煤气站、天然气配气站、氧气站等为生产经营活动提供动力或其他辅助生产经营活动的系统方面存在的缺陷。

（10）相关方现场管理类隐患。主要涉及相关方现场管理方面的缺陷和问题。

（11）其他现场管理类隐患。不属于上述安全生产现场管理类的隐患，属于其他现场管理类隐患。

危险无处不在。要化解危险，就要提高安全意识，提高避险技能，提高排查隐患的能力，这样才能减少事故的发生，或者当事故来临时更好地保护自己。总之，了解、发现、排查隐患，掌握安全知识，做到安全操作，是实现安全生产所需要的。

 ## 2. 提升员工职业技能，专业技能是安全的通行证

员工是生产经营单位中最活跃的因素，企业的生产经营活动需要由员工来操作和推动，企业的生产安全也需要员工来保障。所以，生产经营单位要注重员工职业技能的培养，全力打造一支业务精湛、素质高超、作风踏实的企业人才队伍，从而有力保障企业提高生产效率、安全水平和竞争实力。

每个企业都会设立多个岗位，这就需要员工掌握不同技能。只有每个员工都能够熟练掌握本岗位所需要的技能，才能使整个生产系统密不透风、无缝可钻。每个岗位都实现了安全，整体生产才能安全。

在安全生产领域，不同的行业和企业有不同的员工职业技能要求。就共性而言，我们主要需要提升以下几点职业技能。

（1）岗位技能。岗位技能是指我们胜任工作岗位所需具备的知识、技能、经验等，是从业人员通过学习、培训、练习获得的能够完成职业

岗位任务的能力。要想获得较高的安全技能，只能通过坚持不懈的练习，才能掌握得娴熟，运用得灵活。

（2）管理知识。管理知识技能属于生产经营单位组织各级管理者，运用规章制度、生产流程、技术和知识，完成生产经营管理任务的综合能力。管理知识技能主要包括技术技能、人际技能和概念技能三类。

（3）专业技能。我们的专业技能是指需要通过学习和培训才能获得的专业知识和能力。正所谓"术业有专攻"，在安全生产领域，有不同的行业分工和岗位需求，每个行业和岗位都有生产实践所需要的专业知识和技能。我们在工作实践中，需要通过企业和行业主管部门组织的专题培训，并结合自学等渠道，来获取与自己的岗位需求相适应的专业技能，以保证自己能够熟悉掌握驾驭岗位工作，保障安全生产。

学习安全知识，提高安全技能，是保证岗位安全的关键。如果没有过硬的专业技能，就可能会发生错误操作，从而引发事故，危及生命财产安全。

☆☆☆☆☆☆☆☆☆☆☆☆☆☆☆☆☆☆☆☆☆☆☆

2009年7月11日，某化工厂发生一起液氯泄漏事故，造成1人死亡，4人受伤。当日下午3时20分，该企业充装工齐某在为液氯钢瓶充气。液氯瓶充到一定程度后，齐某关闭了充装阀门，然后打开抽空阀门。在操作时，齐某在没有关闭阀门的情况下，就抽掉了卡子，致使阀门突然失控弹出掉落，大量液氯从钢瓶中泄漏出来，其中有大量液氯喷溅到齐某面部。齐某当时未佩戴防毒面具，顿时口鼻中吸入大量液氯。同时在现场的另外4名员工也在未防护的情况下被液氯伤害到。后5人被送医，齐某不治身亡，另外4名员工受重伤。

☆☆☆☆☆☆☆☆☆☆☆☆☆☆☆☆☆☆☆☆☆☆☆

液氯属于危化物品，一般被储存在高压特制容器中，操作有着严格的技术规范要求，一旦违规操作就极容易引发生产事故。所以，员工必须熟悉掌握重要的知识和技能，并严格执行相关操作规范规定。案例中的齐某因为自身岗位技能严重不足，不懂得在未完全关闭阀门之前严禁抽掉卡子的规定，也缺乏正确规范穿戴安全防护用品的意识和知识，知识不足、防范不够，再加上违章作业，从而引发了伤亡事故，自己丢了性命，还连累了其他工友。可见，员工的岗位知识技能何其重要！员工如果缺乏职业技能，很容易如齐某一样，做出有损生命安全的行为。

无论是岗位技能、管理技能，还是专业技能，都需要我们在实践中，通过多种途径获得。作为企业员工，如何提高自身的职业技能，主要有以下几个途径。

（1）掌握扎实的专业理论基础。理论来源于实践，也能反作用于实践。企业员工多属于技术型岗位，没有专业的专业理论作为支撑的实践往往是盲目的，甚至是危险的。因此，我们要想胜任本职岗位，保证生产安全和人身安全，就必须学习掌握岗位所需的各种专业知识技能。

（2）勤动手多实践。实践出真知，实践是检验真理的唯一标准。在生产中，一旦遇到问题，我们只能亲自处理，才会对问题留下深刻的印象，下次再遇到类似问题时，就会避免走弯路，处理速度就会快。因此，我们要善于在生产实践中多发现问题，多动手解决问题，从问题中吸取教训、总结经验，提高实践能力水平。

（3）熟悉生产工艺、现场设备和程序图纸。不同的企业在生产过程中，都有自己的产品生产工艺、生产设备和工作图纸。我们在岗位实践中，需要了解产品的生产工艺，熟悉现场相关生产设备的性能和操作要求，要读通弄通程序图纸。做到这些，才会有的放矢，减少事故判断的盲目性，节约时间，提高效率。

（4）勤学好问，虚心求教。作为企业的一名员工，我们不可能什么都精通，总会有自己的短板和弱项。因此，平时工作中，对于不懂的问题，我们要有打破砂锅问到底的精神，千方百计去学习求教，直到学懂弄通为止。平时要多向师傅学习，向工友学习，并通过实践学习。对于师傅或经验丰富的员工讲过的东西，要认真听、认真记、深入悟，并灵活运用于自己的行动之中。

（5）善于总结经验和教训。在生产实践中，每次发现、处置完一个问题之后，我们要及时进行总结反思，想想哪里做得不好，哪里做得好。有不足的地方，吸取教训，避免下次再出现类似问题；做得好的地方，则总结成经验，今后工作中继续坚持。

对于企业员工来讲，岗位技能是必要的技能，它是员工安身立命的重要保障。不同的岗位需要不同的岗位技能，每种岗位技能的掌握和熟练，都需要一个循序渐进的过程。在平时生产和学习中，我们要通过多种渠道和方式获取必备的岗位技能，并注重在实践中不断检验、巩固和提升自身的技能。

 ## 3. 减少操作失误是消除隐患的手段之一

在生产中，有很多事故是误操作引起的，有些员工认为偶尔的操作失误不会给生命安全带来大的威胁，然而事故的恶魔无缝不钻、无孔不入，一次失误，就可能是灾难发生的根源。车工在车削零件时用错一种刀具，电工在测量电压时用错一个挡位，都可能造成伤亡事故的发生。

☆☆☆☆☆☆☆☆☆☆☆☆☆☆☆☆☆☆☆☆☆☆

范某是某企业钳工，在该企业已经工作8年有余，个人技术比较熟练。但是范某有一个缺点，平时做事比较心急，干活虽然很快但不够认真细致。比如，他在工作岗位上经常会出现一些细节上的操作失误。对于这个情况，班组长曾多次指点范某；范某自己也意识到了自己的缺点和不足，但因为这些小失误，一时间还未引发安全事故，加之自己的工作效率比较高，所以范某就没太过放在心上。直到2018年8月12日这天，范某在工作期间，处置一台机器的传动轴故障时，范某手中的管钳没拿住，弹到自己的左眼上，导致左眼被击伤失明。

☆☆☆☆☆☆☆☆☆☆☆☆☆☆☆☆☆☆☆☆☆☆

生产设备是企业生产活动必不可少的载体，生产工具则是员工作业过程中的重要工具。各类生产工具都有不同的用途和使用规范要求。一旦违反规定，产生误操作，事故伤害就在所难免。范某本身就有习惯性操作失误的问题，平时出现一些轻微的操作失误，一时没引起事故，就越发不注意操作安全。直到自己的习惯性操作失误太严重，引发了生产事故，让自己受到了人身伤害，最终尝到了苦果。可见，员工在作业时的规范操作很重要，也很有必要。在安全生产领域，我们都应当重视规范作业，避免和减少操作失误。在实践中，可从以下几方面入手。

（1）加强规范性操作的知识技能学习。在生产中，有些员工的操作失误是因为无知造成的。他们不掌握熟悉规范操作的知识要点和技术要领，或者掌握得不深入、不全面、不充分，这样就难免会产生操作失误。因此，要想避免操作失误，我们首先应该加强对规范性操作相关知识的学习，同时在实践中掌握必备的实践技能。

（2）掌握机器设备的性能特点。不同的机器设备有不同的特性，也有不同的危险性，如果我们不掌握机器设备的特点、性能，工作中就容易产生误操作，引发事故。在工作中，我们要根据需要，认真学习研究相关机器设备的规格参数、功能说明、工作性能和操作要求。熟悉了它们，才能安全、熟练地驾驭它们。

（3）正确使用劳动工具。在生产实践中，员工经常会用到各种各样的生产工具，如果工具使用不当，如型号不符、尺寸不当，或者性能不适合的工具，也容易产生误操作。所以，作为企业的员工，我们要根据工作需要，恰当、准确、规范地使用相应的劳动工具。

通过加强学习、掌握设备性能、规范使用工具等措施，可以有效减少误操作，减少失误对健康的损害。在此基础上，企业还可以通过以下措施减少员工的误操作。

（1）提高员工综合素质。企业员工通过各种形式的岗位技能培训和安全教育培训，全面系统掌握了解安全知识和业务技术技能。同时，通过考试考核、模拟演练等方式，熟悉掌握系统和设备性能，正确运用操作规程。此外，企业员工还可以参加多种形式的安全知识竞赛、岗位拉练等活动，进一步提高其理论与实践相结合的能力。

（2）研究应用行为科学。为减少员工错误操作行为，企业要注重研究应用行为科学。员工在工作期间，保持饱满的精神、愉悦的心情，有助于在工作期间集中精力，专心工作，也能有效减少和避免错误操作。所以，企业在生产实践过程中，要尽量避免在交接班前后安排操作任务，以免造成员工的心理负担和压力。

（3）尽量减少环境影响。在生产环节，员工的作业环境对其安全意识强弱有直接的影响。所以，企业要尽量营造一个整洁、有序、优美、温馨的工作氛围，这样可以缓解员工的精神压力，保持良好的工作状态和心情。

机器操作来不得半点马虎，如果我们都能在操作中根据自己的岗位要求，严格按照操作规程去办，不肆意妄为，那么我们的生命才能更安全。

 ## 4. 加强员工个人防护培训，防护到位才安全

安全工作容不得半点松懈，不重视个人防护，就是不爱惜自己，就是不珍惜生命，做好个人防护，才能最大限度地避免工伤事故。同样是发生了意外，个人防护措施周全到位，就能使危险远离，而个人防护不全面，就会造成灾难。

员工的个人防护技能需要后天获得，这就需要企业加强对员工的个人防护能力培训，通过多渠道、多载体，引导员工掌握个人防护相关知识点和操作要领。不断提高员工的安全防护能力，是企业的使命所在，也是员工维护生命权利的体现。

☆☆☆☆☆☆☆☆☆☆☆☆☆☆☆☆☆☆☆☆☆☆☆

某金属制品公司发生一起生产事故，造成一人受伤。当日上午9点30分左右，员工王某在单某的协助下开展生产线波峰焊锡炉的保养作业。作业过程中，王某和单某均未按要求穿戴安全防护面罩。当锡炉喷嘴清理工作完成后，王某开始进行安装，使用的六角套筒扳手在拧紧螺钉时发生打滑，导致套筒扳手滑入锡液中，并将锡液溅起来，有少量锡液飞溅到正在弯腰搬运其他部件的单某左眼中，单某发出一声惨叫。随后王某赶紧将单某送到医院，单某被医院诊断为左眼角膜严重受损，导致失明。

☆☆☆☆☆☆☆☆☆☆☆☆☆☆☆☆☆☆☆☆☆☆☆

从事金属焊接作业，必须严格按照要求穿戴好个人防护用具。同时，要求认真规范使用劳动工具。如果员工安全意识淡薄，个人防护技能差，作业前防护措施落实不到位，个人安全就难以得到有效保障。王某和单某安全意识薄弱，对个人防护知识要领不掌握、不熟悉。作业过程中没有按照规定规范穿戴安全防护用具。同时，在作业中，王某未规范使用劳动工具，导致扳手滑落到高温锡液中，产生了锡液飞溅伤人事故。这起事故是员工个人防护技能差的典型案例，为业界敲响了警钟。

在安全生产中，员工难免会出现因个人防护意识和技能较差而导致的意外受伤事故，无论受到伤害的大小，都对员工个人和企业没有好处。因此，员工要提高个人安全防护能力，企业要创造条件加强员工个人防护能力技能培训。

员工在生产过程中受到伤害，大体分为意外伤害和人为伤害两种，其中意外伤害多属于客观环境因素，有不可预估特征，而人为因素导致的人身伤害事故，多是员工个人安全意识不强，个人防护能力不足导致的，大多是可以避免的。在安全生产中，人为因素造成工伤的事故比意外伤害事故要多许多，所以，不论员工在什么工作岗位上，都要注重个人安全防护，这也是企业义不容辞的责任。在具体工作中，企业可从以下几方面加强员工个人防护培训。

（1）开展正确佩戴防护用品培训。在很多生产岗位，有些机械设备本身具有高温、高压、噪声、辐射等潜在伤害，另外有些工作环境也有高空坠落、触电、坍塌、冒顶、火灾等安全威胁。在这些设备或环境中作业的员工，一般需要规范佩戴安全防护用品，以防止可能来自机械或环境方面的威胁。安全生产中所用到的防护用品，和平时我们穿戴的衣物有所不同，佩戴位置、步骤和其他相关规范性要求都比较严格。

①掌握防护用品使用要领。需要佩戴防护用品的人员在使用防护用

品前，应熟悉掌握防护用品的使用范围、有效期限、使用方法、维护保养方法等知识内容。

②规范佩戴安全帽。安全帽要戴正位置，帽带系结实，松紧度适宜，防止因其歪戴或松动而降低抗冲击能力。

③规范佩戴安全带。安全带一般系在腰部及胸部，应系紧，挂钩应扣在不低于作业者所处水平位置的固定牢靠处。

④注意戴手套的环境。员工在进行金属切割或在车床等机床操作时，严禁戴手套，以避免被机床上转动部件缠住或卷进去而引起事故。

⑤规范穿戴防护服。穿着防护服要做到领口、袖口、下摆"三紧"，防止因不紧而被机器夹卷。

（2）开展特种作业岗位安全培训。在安全生产领域，特种作业工种包括电工作业、焊接与热切割作业、高处作业、制冷与空调作业、煤矿安全作业、金属非金属矿山安全作业、石油天然气安全作业、冶金（有色）生产安全作业、危险化学品安全作业、烟花爆竹安全作业，以及安全监管总局认定的其他作业。这些特种作业的员工需要通过考试考核方式取得相应上岗证和等级证后才能上岗。员工持证上岗后，企业负责人不能因为这类员工已经有了相应的资质，而放松了对他们的安全教育，而应该在生产过程中，经常对他们开展特种设备操作要领、个人防护要领等方面的培训指导，引导特种作业人员能够更好适应岗位需求，掌握自我保护的知识和能力，避免受到各类伤害。

（3）开展特种设备安全培训。在安全生产领域某些行业，电梯、起重机械、厂内机动车辆、客运索道、游艺机和游乐设施、防爆电气设备等特种设备，受设备本身和外部环境等方面的不安全因素影响，特种设备操作人员面临工伤事故的概率要高于其他工种岗位人员。所以，企业针对行业特点，对特种设备操作人员开展好安全培训。特种设备安全操作规范要求包括以下几方面。

①做好运行前检查。特种设备运行前，要对设备电源电压、各开关状态、安全防护装置以及现场操作环境做好检查，发现异常应及时处理，禁止不经检查强行运行设备。

②严格进行运行记录。在特种设备运行时，要严格按规定记录运行情况，并严格按要求检查设备运行状况，且要进行必要的检测。

③严禁设备"带病"作业。当特种设备在运行中发生故障时，要立即关停设备，迅速上报主管领导，全面排除故障后再正常运行。

④严禁故障不清时启动设备。在设备运动中，出现故障停止运行时，在没有进行安全确认和故障排除前，不得强行送电运行。

⑤及时撤离操作现场。当设备运行中发生紧急情况可能产生工伤时，操作人员要在采取必要的控制措施后，迅速撤离作业现场，防止发生工伤事故。

⑥设备大修、改造、移动、报废、更新及拆除应严格执行国家有关规定，严禁擅自大修、改造、移动、报废、更新及拆除未经批准或不符合国家规定的设备。

生命无价，安全为天。"高高兴兴上班来，平平安安回家去"，这句朴素的话语，是对企业全体从业人员的一种提醒和期待。每名企业员工都要学会自我防护，掌握防护要领，远离各种工伤，把自己和危险彻底隔离。

5. 加强事故隐患排查认知，学会"主动安全"

没有安全，哪来的生命保障？没有安全，哪来的企业效益？没有安全，哪来的家庭幸福？没有安全，哪来的人生理想？生产过程中危险无处不在，如果企业员工缺乏"主动安全"意识，对事故隐患排查的认知不到位、不深刻，就很容易导致隐患排查不彻底、不充分，导致隐患一步步发展演变，直到引发事故。员工只有从内心深处真正认识到安全的重要性，化被动为主动，才能将事故隐患全面排查出来，实现"主动安全"。

☆☆☆☆☆☆☆☆☆☆☆☆☆☆☆☆☆☆☆☆☆☆

2016 年 11 月 18 日，一名驾驶员将一面印有"情系百姓 路通万家"的锦旗交到某市公安局交警中队民警手中，以此表达谢意。

11 月 12 日 19 时许，该中队民警在巡逻期间，发现一辆轻型普通货车停在公路边，车辆开启了双闪警示灯。这时天色已晚，气温也降到零摄氏度以下。这辆车停放的地点是下坡转弯路段，并且路面上的积雪已经结冰，如果不及时处理，很容易发生交通事故。执勤民警上前询问，车主告诉民警车子行至此处时，发生了故障，再无法启动，正准备联系救援车辆。得知情况后，执勤民警马上通过警车牵引和人力推动的方法，把这辆故障车运到中队院中，同时帮助车主联系救援车辆。该车辆经过修理后，能够正常行驶了。车主对执勤民警非常感谢，专程送来了锦旗表达谢意。

☆☆☆☆☆☆☆☆☆☆☆☆☆☆☆☆☆☆☆☆☆☆

在冰雪天气下，路面太滑，加上故障车辆又停在公路转弯处，即使开了双闪警示灯，也不易被过往车辆发现。一旦过往车辆行驶到此处，即便车辆驾驶员发现了情况，也可能因为路面结冰太滑而无法有效控制车辆，极易发生连环追尾事故。案例中值勤民警发现问题后，立即调动主动安全意识，迅速采取措施把故障车辆运至安全处，及时避免了交通事故隐患，保障了车上人员的生命财产安全。

安全隐患排查不是一件容易的事情，需要我们加强对事故隐患排查的整体认知，掌握隐患的存在点、表现特征以及可能存在的潜在危险因素。在实际操作层面，加强安全排查的认知，可采取如下五种方法。

（1）直观经验法。对于各类安全事故隐患，有实践经验的企业员工往往可以借助第一印象进行准确判断，靠敏锐的观察力和准确的判断力把各类安全隐患直观地查找出来，处置妥当。

☆☆☆☆☆☆☆☆☆☆☆☆☆☆☆☆☆☆☆☆☆☆☆☆

39岁的孙某是某化工厂老员工，他已经在该企业工作了11年，工作经验非常丰富，尤其是直观判断事故隐患的能力非常强，领导和工友都称他为"火眼金睛"。在该企业工作的11年里，孙某在生产实践中练就了过硬的操作本领，往往能够通过现场"闻""听""看""摸"等方法，准确判断机械设备的故障隐患点。起初几年，孙某凭直观经验判断隐患的准确率偏低，随着经验的积累，经过3年后，经他直观分析判断的各类隐患，准确率几乎达到了百分之百。而且，孙某平时还非常善于钻研学习，他对本企业几乎所有的生产设备都比较掌握了解。因此，企业各生产部门管理人员和员工，一旦怀疑某个设备或环节有隐患时，都会找孙某来帮忙分析判断。11年来，经孙某直观经验观察排查出的安全隐患多达300余处。

☆☆☆☆☆☆☆☆☆☆☆☆☆☆☆☆☆☆☆☆☆☆☆☆

人的工作经验都是在长期学习和实践中逐渐积累形成的，只要我们有主动学习的意识，工作中善于学习、勤于实践、学会观察，就都有可能练就孙某这样的"火眼金睛"。

（2）基本分析法。对安全事故隐患有了基本的判断认识后，下一步，需要对照危害分类的标准，确定本项作业中的具体隐患，把各类具体隐患进行详细分析，逐一对照标准进行分析。

（3）工作安全分析法。在安全生产实践中，可以班组为单位，把一项具体作业分成几个操作步骤，由点及面，系统、全面、准确排查整个作业活动中每个步骤中的隐患。

（4）安全检查表法。针对已经发现的安全事故隐患，分别建立专项工作台账，科学编制安全检查表，针对不同部门、不同班组、不同岗位，依据表格再次进行系统的安全检查，对安全隐患再梳理、再归类，对于登记不准、不全的隐患要及时调整、补充和更新。

（5）安全标准化法。企业要组织专门力量，对设备、现场环境和安全管理进行打分考评，考评中不合格的项目就是隐患。针对发现的考评不合格项目，督促相关部门、班组负责人逐一认领问题，全面对照，整改提升。

企业员工对隐患排查的认知，需要了解事故隐患的危险源。所谓危险源，主要是指可能造成人员伤害、疾病、财产损失、作业环境破坏或其他损失的根源或状态。安全隐患的危险源主要来自以下几方面。

（1）产生、供给能量的设备。如安全生产中的发电机、变压器、油罐等设备。

（2）让人体或物体具有较高势能的装置、设备或场所。如电梯、脚手架、飞机、汽车、火车等。

（3）能量载体。如带电的导体、运行中的机车等。

（4）一旦失控就可能产生巨大能量的装置、设备、场所。如强烈放热反应的化工装置、压力容器和场所等。

（5）各种危险物质。如有毒、有害、易燃易爆、有辐射等物质。

（6）生产、加工、贮存危险物质的装置、设备或场所。

（7）人体一旦与之接触就有可能导致能量意外释放的物体。如带电体、高温物体等。

珍爱生命，就要时时想到安全，事事考虑安全，处处以安全为主。安全工作要重视人的主观能动性，加强个人的事故隐患排查认知，对自己的生命负责，实现从被动安全到主动安全的转变。

 # 6. 学习信息知识，重视信息安全

现代信息技术被广泛应用于经济社会发展各领域，安全生产领域也逐步融入更多的信息技术手段。在互联网上，既蕴藏着巨大商机，又潜伏着各种各样的陷阱。身处其中的企业和员工，面临着严峻的信息安全挑战。企业商业信息对企业在市场竞争中的生存和发展有着重要影响，是企业保证竞争力的重要手段。作为企业员工，我们要了解掌握必要的信息安全知识，避免给自己和企业造成损失。

☆☆☆☆☆☆☆☆☆☆☆☆☆☆☆☆☆☆☆☆☆☆☆☆

某食品公司是一家"老字号"企业，该企业的前身是成立于20世纪70年代初的一家家庭作坊式的食品厂，专门制作生产一种秘制香肠，口感非常好，非常受市场欢迎。该香肠的配方属于该企业祖传的配方技术，配方保密。经过几十年的长足发展，如今该企业已经成为一家大型食品加工企业。该公司实行了信息化手段来辅助生产经营活动的管理，也聘请了 3 名技术人员进行管理，但该企业在信息化建设中，人力、财力、物力等方面投入不足，再加上这 3 名技术人员本身对网络安全就不太专业。2018 年 8 月 11 日，有不明黑客通过技术手段，侵入了该公司的核心网络，把该公司产品的核心配方窃取了。此事，给该公司带来了巨大损失和打击。

☆☆☆☆☆☆☆☆☆☆☆☆☆☆☆☆☆☆☆☆☆

一家老字号食品企业，往往有独特的生产技术和工艺，尤其是有秘不外传的独家配方，这属于高度商业机密，一旦机密被窃取了，对企业的打击将是致命的。该食品公司靠独家配方，生产出的香肠口感独特，因而深受市场青睐，所以，香肠的配方就属于该企业的核心商业机密。虽然该企业为了适应新形势要求，实行了信息化管理运营，但因为对信息安全的投入不够，导致公司网站被黑客攻击侵入，核心商业机密被窃取，损失巨大。可见，企业重视信息安全，并有序引导员工保护信息安全是十分重要的。

企业和员工重视信息安全，保证生产安全，需要掌握网络安全威胁的主要形式，"认识敌人，才能更好地消灭敌人"，掌握了网络安全威胁的主要存在形式后，才有助于我们更好地维护信息安全。常见的网络安全威胁主要有以下 8 种表现形式。

（1）窃听。攻击者通过监视网络数据来获得敏感信息，从而导致信息数据泄密。一些恶意攻击者常常以窃听为基础，一旦窃听到相关信息后，再得寸进尺，利用其他工具进行更大攻击。

（2）重传。攻击者事先获得部分或全部信息，以后再将这些发送给接收者。

（3）篡改。攻击者通过非法技术手段，对合法用户之间的通信信息实行修改、删除、插入，然后出于某种目的，再将伪造的信息发送给接收者，以达到产生信息误导的不良目的。

（4）拒绝服务攻击。攻击者通过非法手段，致使系统响应减慢甚至瘫痪，影响合法用户获得快速准确的信息服务。

（5）行为否认。攻击者通过非法手段进行干预，让通信实体否认已经发生的行为，以此干扰合法用户的正确判断。

（6）电子欺骗。攻击者伪装成合法用户进行网络攻击，以期达到掩盖攻击者真实身份，嫁祸他人的不良目的。

（7）非授权访问。主要表现为攻击者非法进入网络系统进行违法操作，导致出现在合法用户未授权的情况下也能正常进行访问。

（8）传播病毒。攻击者通过网络黑科技手段传播计算机病毒，导致合法用户的信息系统瘫痪和信息数据被盗。

加强员工信息安全教育，是新时代信息安全技术发展的需要，是企业不断提高信息安全水平、生产效率和市场竞争力的现实需要。各企业、管理人员和普通员工都应当把这项工作经常放在心上、抓在手上。用现代信息技术提高生产效率，保障企业生产安全。

第五章

建立事故隐患排查体系，健全安全应急预案与治理机制

在安全生产领域，安全和事故相生相克，事故又和隐患密不可分，事故隐患总会或大或小、或轻或重地存在于生产经营的诸多环节中。事故隐患的存在与否不因我们的好恶而决定，但会因我们的警惕和警戒而退却。我们要做的就是正确面对、积极应对，构筑起事故隐患排查的"防护墙"，打好事故应急处置的"预防针"，全力争取让各类隐患和事故彻底消失在我们的视野里。

1. 建立长效机制，做好事故调查与处理

发生安全生产事故，需要企业或有关部门迅速做好事故调查与处理工作，千方百计把事故造成的损失和影响降到最低。在调查和处理过程中，需要提前做好充分准备，其中比较有效的方法是建立健全长效机制，把事故调查处理的目标、路径、措施和保障准备充分。

现实表明，在安全生产领域，相对规范稳定的企业，一般都建立了事故调查与处置长效机制，在这种情况下，即使不幸发生了安全事故，也能有序调查和及时处置，最大限度挽救事故造成的财产损失和人身伤害。相反，如果企业在事故调查与处理方面，没有科学严谨、切实可行的长效机制，一旦发生事故后，就容易茫然无措，陷入被动，这非常不利于事故的准确调查和妥善处理。

☆☆☆☆☆☆☆☆☆☆☆☆☆☆☆☆☆☆☆☆☆☆

某市由应急管理部门牵头，联合公安局、生态环境局、市场监管局等多部门，研究出台了事故深度调查和处理长效工作机制，对全市发生的人员伤亡、重大财产损失、重点车辆、同一路段或地点多次发生的事故及其他有影响的事故等 6 类事故，建立健全了原因剖析、教训启示、隐患排查、联动督办、责任追究、考核奖惩的"六位一体"工作机制，推出提交一份调查分析报告书、报送一份联动整改报告（通知）书、制定一份倒查问责建议、下发一份限期落实督办单、建立一份监管回溯档案的"五个一"创新举措，实现事故防控的关口前移，处置有力，全面预防和减少各类事故发生。

☆☆☆☆☆☆☆☆☆☆☆☆☆☆☆☆☆☆☆☆☆☆☆☆

该市在事故调查与处理中建立健全了分工有序、重点突出、步骤清晰、措施有力的长效机制，产生了良好的效果，有力维护了全市安全生产的良好秩序。同时，也充分反映出建立事故调查处理长效机制的重要性和必要性。对企业而言，在建立事故调查处理长效机制过程中，应当准确把握事故的报告、调查与处理三个关键环节。

（1）事故的报告

①一旦发生生产安全事故，相关人员必须保护现场，积极抢救伤员，迅速逐级上报。

②发生轻伤事故，需要由项目经理或班组长填写《工伤事故登记表》，及时报送企业领导和上级行业主管部门。

③发生重伤或死亡事故，需要由项目经理或班组长填写《企业职工重伤、死亡事故调查统计快报表》，24小时内报逐级上报至上一级安全主管部门及有关领导。

④报告内容。事故发生后需要报告的内容主要包括事故发生的时间、地点和单位，事故的经过、伤亡情况及其他情况，事故发生后采取什么控制措施，报告人的基本情况和联系方式等。

⑤发生未遂事件应在发生当月报上一级安全主管部门。

⑥发生生产安全事故后，应立即启动应急救援预案。相关负责人和其他人员应当迅速组织抢救和处置工作，并保护好事故现场，做好现场标志。

⑦报告事故情况应该客观、真实、准确和及时，不得迟报、瞒报、漏报事故情况。

（2）事故的调查。事故的调查应当根据事故程度和类别，分别明确责任主体，有序组织好调查活动。

①轻伤事故由项目负责人组织调查，深入事故现场查清事故原因，

同时确定事故责任。

②重伤事故和死亡事故由企业组建事故调查组，确定事故责任，配合当地应急管理、公安、住建等部门进行调查，并协调做好事故善后处理工作。

③发生火灾、交通事故，由企业配合当地消防和交通部门成立调查组进行调查。

④发生职业病、传染病、食物中毒，由企业会同市场监管、卫健等部门联合开展对病情、疫情的调查。

⑤发生未遂事故的，由项目经理或班组长组织相关人员进行调查。

⑥在事故调查过程中，事故发生单位和相关人员有义务向调查组提供相关情况和资料，并主动配合开展好调查工作。任何单位和个人不得拒绝、干预或阻碍调查组开展调查工作，更不得故意破坏事故现场、销毁证据。

⑦事故调查期间，在未经许可的情况下，相关人员不得离开事故现场。等取得调查组同意后，企业才能组织对现场的整改、整顿，整改完毕后再恢复生产。

（3）事故的处理。发生安全生产事故后，企业和有关方面要在及时报告、深入调查的同时，要迅速采取措施进行妥善处置。

①轻伤事故的处理，由项目经理或班组长提出处理意见，经企业领导和行业主管部门认定后，由项目部门或班组及时处理。

②重伤和死亡事故的处理，由企业和相关部门事故调查组共同研究分析后提出处理意见，经上级主管部门认定后，由企业会同有关部门共同采取积极措施进行处理。

③发生重大伤亡事故后，应立即启动应急救援预案，并按相关程序进行事故调查、分析、报告和处理。

④对未遂事件，企业应当视情况及时采取预防控制措施，并对相关部门或班组责任人进行必要的处罚。

⑤发生安全事故后，各单位必须按事故分类及相应的事故调查处理程序，组织事故调查小组调查事故发生的原因、伤亡和物损情况，提出事故处理方案和防止同类事故再次发生的整改措施。

⑥对工伤与职业病患者的处理，应严格执行国家有关规定，并结合企业职工工伤范围和保险待遇的相关规定，为相关人员安排合适的工作岗位，并办理相关手续。

总之，企业发生各类安全生产事故固然不幸，但一旦事故发生后，就需要通过建立长效机制，迅速响应，及时报告，深入调查，妥善处理，全力确保把事故造成的财产损失和人身伤亡降到最低。

 ## 2. 利用高科技，事故隐患排查更高效

随着当今科学技术的发展，在安全生产领域，各类事故隐患的存在和表现也日趋复杂，有些情况下，事故隐患的排查仅靠人工排查，很难收到良好效果。在这种情况下，需要生产经营单位在条件允许的情况下，或者条件不具备去积极创造条件，借助高科技手段开展事故隐患排查，往往会更迅速、便捷和高效。

在现实中，有些企业引入了一些高科技设备，这些设备被充分应用于事故隐患排查中，有效节约了人力、物力成本，提高了事故隐患排查效率。

☆☆☆☆☆☆☆☆☆☆☆☆☆☆☆☆☆☆☆☆☆

2019 年 3 月，某市应急管理局购置了两台工业级整装高配规格的无人机。该设备能飞至 500 至 600 米的高度，有效操控距离可达 5000 米以上，具有广角拍摄、超高清画面传输、定点投放、高空喊话等功能。该局每天定时明确专人维护运行这两台无人机，针对市域内 128 家生产经营单位，实行实时跟踪拍摄。在此基础上，依托全市应急管理全高清视频会议系统，将各点位拍摄的画面实时传输至系统内，为事故隐患和森林火情探查等工作提供了第一手资料，提高了安全隐患排查的效率和水平。

☆☆☆☆☆☆☆☆☆☆☆☆☆☆☆☆☆☆☆☆☆☆☆

该市应急管理局在利用高科技设备和手段排查监测事故隐患方面的探索和实践，坚持从实战角度出发，适应了安全生产新形势、新任务的需要，构建了"天上看、网上管、地上查"的全方位事故隐患排查工作机制和模式，为确保市域安全生产奠定了坚实的科技支撑和技术保障。

充分运用科技和信息手段，建立健全安全生产隐患排查治理体系，是夯实安全生产基础的重要措施。在安全生产领域，有些行业的安全隐患，具有一定的隐蔽性，比如一些放射性元素是否超标、空气中有毒有害气体是否浓度过大、一些机械故障是否组件出了问题等。这些隐患仅仅依靠人的肉眼识别、听觉、嗅觉判断，往往很难准确判断。在这种情况下，就需要通过新技术、新设备、新材料、新工艺的"四新"技术应用等方法进行检测和识别，看相应的数据是否超标，根据设备仪器检测结果再进行科学判断，进而采取有效措施治理消除这些安全隐患。

同时，一些行业领域，在安全隐患排查时，因隐患本身具有一定的危险性和伤害性，不适宜通过人为手段进行排查，在这种情况下，也需要借助科技手段代替人工手段去排查这些事故隐患。

针对不同类型的生产经营单位，以及各类安全隐患的存在部位和表现形式，在实践中，可以借助以下几类常见的高科技设备排查安全隐患。

（1）互联网信息监测系统。有些企业可以借助当地智慧建设政务平台，建立事故隐患预警监控系统，依托现代信息技术，建立安全隐患排查预警监测枢纽。实时采集监测数据，明确专人汇总收集，发现问题，及时报告、反映和反馈，督促相关部门和人员落实整改任务。

（2）机器人。在有些不适宜人工操作的工作环境中，排查安全隐患往往会用到机器人，比如，水下、有辐射、有毒有害等环境。生产经营单位可以根据隐患排查工作需要，定制或购买具备相应功能的机器人，用于代替人工作业，开展安全生产隐患排查工作。

☆☆☆☆☆☆☆☆☆☆☆☆☆☆☆☆☆☆☆☆☆☆☆☆☆

地下排水管网破裂是件让人头疼的事，因为在地下，肉眼难判断，破裂点位不好找，发生这类情况后，常规的做法往往是刨开路面一点点寻找漏点，费时费力，还影响交通。为解决这个难题，某市引进了管道机器人，通过高科技手段提高了管道隐患排查效率。2018 年 10 月 12 日，该市府前街出现了地下排水管道破裂问题，市政公司两名员工手握遥控杆，把管道机器人"派"到地下。管道机器人在管道里灵活爬行，把实时情况传输到地面上的监控屏幕中。结果，只用了 10 分钟时间，就准确找到了管道破裂点。之后，施工人员立即开始挖开该位置，只用了 1 小时便迅速修补完成。

☆☆☆☆☆☆☆☆☆☆☆☆☆☆☆☆☆☆☆☆☆☆☆☆☆

在作业现场，很多市民好奇地看着这个"神器"，现场见证了它的神奇作用。管道机器人的介入，大幅度提高了问题隐患排查效率，节约了成本。这是高科技手段成功运用的一个范例。

（3）无人机。在矿山、森林、河湖等大面积作业环境中，有时仅凭人工作业，排查隐患往往很难做到细致全面。在这种情况下，相关部门和生产经营单位可以通过无人机，甚至专用卫星遥感设备来开展安全隐患排查工作。

（4）探测仪。在一些设备故障或矿井等地下作业环境中，有时靠人工操作也无法准确判断识别安全隐患。相关生产经营单位可以根据工作需要引进相应的探测仪，通过这类专用探测装置，来判断机械内部组件故障以及工作环境中肉眼无法识别的异常状况。

总之，在安全生产领域，有些安全隐患或者不便于人工排查，或者人工排查效率低下，在这种情况下，相关生产经营单位应该创新工作思维，积极引入现代高科技技术手段，辅助相关专用的高科技装置设施，有效提高事故隐患排查的质量、速度和效率。

 3. 未雨绸缪，建立完善的事故应急预案

在安全生产中，企业要对各类安全隐患和事故有充分的预见性，建立起完善科学的应急处置预案体系，做到防患于未然。如果一个企业无法准确预判各类安全隐患和事故，就容易在事故面前陷入无序和被动局面，不利于挽回事故的损失和影响。因此，各级各类生产经营单位，都应该结合自身实际，建立系统完善的事故应急预案，做到未雨绸缪、有备无患。

为了做到安全事故发生时能有效控制，避免事故扩大扩散，产生二次伤害，企业应当对自身的工作环境和作业流程等开展安全风险评估，识别排查相应的危险源，对有可能产生安全事故的点位和环境做出全面准确的分析判断，在此基础上，再科学制定事故应急预案。组织相应的事故救援队伍，配备事故应对救援所需的物料、装备和器材，以便于在发生安全生产事故后，能够按照应急预案做好妥善应对处置，让事故在最短时间内得到有效控制，防止事故扩大，给企业和员工带来进一步的损失和伤害。

☆☆☆☆☆☆☆☆☆☆☆☆☆☆☆☆☆☆☆☆☆☆☆

2015 年 6 月 14 日，某燃气公司发生一起爆炸事故，造成 5 人死亡、11 人重伤。当日下午 3 时许，该公司 23 名员工在 B 套空气分离装置车间作业，空气分离装置冷箱发生泄漏问题。根据相关技术参数要求，如果空分冷箱发生漏液，保温层珠光砂内就会存有大量低温液体，当低温液体急剧蒸发时就会导致冷箱外壳被撑裂，从而出现气体夹带珠光砂大量喷出的现象发生。尽管会出现如此严重的后果，但该公司并未制定完善的应急预案，也未及时处置空气分离装置冷箱发生泄漏的问题，导致现场发生了严重的"砂爆"，引发冷箱倒塌，导致附近 400 立方米液氧贮槽产生破裂。事故现场大量液氧迅速外泄，周围环境中的可燃物在液氧或富氧条件下，发生化学反应，产生剧烈爆炸和燃烧现象，造成大量人员伤亡。

☆☆☆☆☆☆☆☆☆☆☆☆☆☆☆☆☆☆☆☆☆☆☆

这起事故非常可怕，让人震惊。我们在震惊之余，又惊讶地发现，这家企业的事故应急处置预案竟然形同虚设。血的教训惊醒了企业领导，然而事故已经发生，令人追悔莫及。

企业安全事故应急预案属于专业领域的规范性文件制度，需要切合企业生产经营实际，要注重针对性、实操性、准确性和实效性原则。尽管生产经营单位类别不同，事故应急处置的重点也各有侧重，但就整体情况而言，安全事故应急预案应该包括以下几方面内容。

（1）总则。这部分内容是整个预案编写的概括性内容，主要包括编制目的、编制依据、适用范围、应急预案体系和应急工作原则等内容。

（2）危险性分析。这部分内容应当体现生产经营单位的概况简介、生产工艺流程、产品特性等内容，同时要对本企业生产经营各个环节、各个岗位以及工作环境中可能会存在的危险因素进行详细阐述。

（3）组织机构及职责。这部分内容主要是要求企业建立安全事故应急处置组织机构体系，明确不同层级和岗位人员的责任分工及工作职责，为安全事故应急处置工作奠定坚实的组织基础。主要包括安全事故应急组织体系图，领导小组及工作机构有关成员的姓名、联系方式、工作职责。一般来讲，企业安全事故应急处置工作机构应该包括应急指挥组、安全卫生教育组、抢险救援组（环境抢险组）、通信联络组、医疗救护组、治安维护组、应急物资供应组等若干个职能小组。各小组之间既有分工，又有合作。

（4）安全事故预防与预警。主要指生产经营单位针对前期对各类安全隐患的分析判断，对可能发生的各类安全事故采取有力措施进行预防和预警。这部分内容应该包括事故危险源监控、主要监控措施、预警管理措施、预警行动、预警条件、预警分级、信息报告等重要内容。

（5）应急响应。主要是指生产经营单位发生事故后，根据事故的不同等级，分别启动相应级别的应急响应机制。这部分内容主要包括响应分级、响应流程、信息传递、预警信息、响应信息、响应启动、应急处置、受伤人员的处置、应急疏散、扩大响应、响应结束、结束条件、结束工作。这部分内容是事故应急处置的关键环节内容，必须详细科学、措施周密、处置得当。

（6）保障措施。这部分内容主要涉及生产经营单位各类安全事故发生后所需的人力、物力和财力等方面的保障，这些是安全事故应急处理的软硬件保障。主要包括应急队伍保障、应急物资装备保障、经费保障、其他保障等内容。

（7）培训与演练。这部分内容主要是针对事故应急处置中相关人员素质能力提升及实战能力养成等方面而制定的。主要包括生产经营单位应该定期或不定期开展事故应急处理专题培训和事故救援模拟演练等内容。

（8）奖惩。这部分内容是对生产经营单位应急处置工作评估验效的重要内容。主要包括应急组织机构的纪律、安全事故应急处理的奖励措施、惩罚措施等内容。

（9）附则。这部分内容是对整个事故应急处置预案的总结，并和前面的总则部分形成照应。主要包括生产经营单位安全事故应急处置和相关术语和定义、应急预案备案、维护和更新、制定与解释以及应急预案实施时间等内容。

古人云："凡事预则立，不预则废。"在安全生产领域尤其如此，如果一个生产经营单位面对各类安全生产事故，没有科学严谨的应急处置预案，遇到安全事故发生时，手忙脚乱、临阵磨枪、仓促处理，会让事故处置工作陷入被动和无序状态，而且在这种无准备、无预案的状态下，事故的处理工作效率也将会非常低下。更有甚者，还可能会因为处置不当，产生二次事故和次生伤害。所以，生产经营单位都要高度重视事故应急处置工作，结合自身实际，制定科学严密的处置预案，不打无准备之仗，确保安全事故发生后能够有序处置，把事故造成的负面影响降到最低。

4. 高效处理现场突发状况，应急处理要及时

古语说得好："兵贵神速。"强调的是处理事情要讲求效率，遇到各类突发状况时要迅速响应、果断处置。在安全生产中，总是难免会出现各种突发状况，状况发生后，需要我们立即做出准确判断，迅速启动应急预案，及时采取果断有力措施进行高效处理。做到这些，有利于变危为机、抢占先机、以快补晚，及时将各类突发状况处置到位。

在安全生产中，安全的重要保障是做好预防，关键在于及时处置问题。现实表明，多数安全事故或突发状况发生的初期，只要准备充分、发现及时、处置果断，通过企业积极主动地开展迅速救援，能够有效将事故消灭在萌芽状态。所以，在发生突发状况时，企业是否能第一时间启动应急响应机制，迅速组织有效救援，是控制事态发展恶化的关键所在。

新修订的《安全生产法》第八十三条规定："生产经营单位发生生产安全事故后，事故现场有关人员应当立即报告本单位负责人。单位负责人接到事故报告后，应当迅速采取有效措施，组织抢救，防止事故扩大，减少人员伤亡和财产损失，并按照国家有关规定立即如实报告当地负有安全生产监督管理职责的部门，不得隐瞒不报、谎报或者迟报，不得故意破坏事故现场、毁灭有关证据。"这条法律条款明确指出，迅速处置突发状况既是各级各类生产经营单位应该承担的重要责任，也是降低事故、减少被问责追责的明智之举。否则，将会付出沉重代价，也将会受到法律严惩。

☆☆☆☆☆☆☆☆☆☆☆☆☆☆☆☆☆☆☆☆☆☆☆☆

2019年5月22日，某化工厂发生一起油气管道破裂泄漏事故，现场20余名人员被困。事故发生后，现场指挥人员立即向市应急管理局报告了情况，市应急管理局当即向其他救援单位推送了火速救援指令。面对事故现场的重重危险，警戒组、灭火救援组、通信保障组、医疗救护组等迅速压上。同时，防爆侦察机器人、无人机也同步进入事故现场，形成地空一体化侦察格局，消防灭火机器人和大型车载高压水炮等装备也紧张有序地投入"战斗"。经过一小时的紧张有序援救，事故得到及时遏制，没有造成进一步的人员伤亡和财产损失。

☆☆☆☆☆☆☆☆☆☆☆☆☆☆☆☆☆☆☆☆☆☆☆☆

在生产中，一些危化行业和环境存在不安全因素的作业现场，比较容易发生突发状况。发生突发状况后，最忌讳慌乱无序，现场指挥人员和作业人员要沉着冷静，临危不乱。一方面立即向有关部门报告求援，另一方面指挥现场人员紧急撤离到安全区域，利用企业现有条件，在保障员工不受伤害的情况下，先进行自救，等专业救援人员到达时，再共同有序开展救援工作。该案例中，事故发生后，现场人员因为做到了临危不乱，迅速处置，才避免了事故进一步扩大，尽可能地把事故造成的损失和伤害降到了最低程度。

在生产现场发生突发状况后，如果应急处置措施不到位，处置不充分、不彻底，很容易发生次生灾害。因此，作为企业的员工，我们有必要学习掌握一些常见事故的应急处置和自救技巧。

（1）坍塌事故。发生坍塌事故后，需立即上报有关部门和领导，并立即组织抢险人员到达现场。根据事故现场情况，采取人工和机械相结合的方法，有序处理坍塌现场。抢救中遇到巨型物品，不宜人工搬运，应用专业吊车进行调运。在接近边坡处时，必须停止机械作业，全部采用人工挖掘，防止误伤被埋人员。现场救援时，要安排专人理清和监护边坡、架料，防止事故扩大。

（2）中毒事故。发生中毒事故时，要迅速将中毒者移至空气新鲜处，解开衣扣和腰带，保持中毒者呼吸道畅通，同时注意保暖。搬运中毒人员要动作轻柔，不可强拉硬拖。要立即脱掉被污染的衣物，皮肤被污染时，要用清水或解毒液冲洗。化学物质进入眼内，应立即翻开上下眼睑，用大量的自来水或生理盐水冲洗眼部，至少冲洗15分钟。如中毒人员意识不清、惊厥或昏迷，不可经口给予任何物质，如发生呕吐，则应使其侧卧位，防止呕吐物吸入气管。

（3）消防事故。发生火灾事故，被困人员要弯腰低头，找身边的毛巾或衣物，用水浸湿后掩住口鼻。也可把棉被、毛毯、棉大衣用水浸湿后盖在身上，确定逃生路线后迅速穿过火场跑至安全区域。如果高层建筑起火，被困人员不可跳楼逃生。如楼层不高且室内有绳索，可直接将其一端拴在重物或门窗口上，沿绳爬下逃生。当无路可逃时，可到卫生间避难，用毛巾塞严门缝，地上放水降温，也可躺在放满水的浴缸里避难。

在生产过程中，一旦发生突发状况，现场人员要临危不乱，稳住心神，迅速对情况做出分析和判断，一方面及时向企业领导汇报情况，一方面果断决策，采取有力措施，全力稳定事态。在具体实践中，还要注重随机应变、灵活处理，力争实现损失最小化。

5. 深入安全现场，做好事故调查与治理

　　每起安全事故都有事故现场，发生事故后，需要进行事故原因分析调查和事故处置。无论是调查事故原因，还是事故处理，都需要从现场获取关键信息，并从现场研究分析并组织实施处置和整改的工作措施。如果在事故调查分析和处置中，不深入事故现场，仅凭有关情况报告而下结论、做决策，就很容易导致情况掌握不精准，处置措施不切合实际，从而导致事故原因分析不透彻，事故处置不到位。因此，无论是企业自身，还是行业主管部门，在各类安全事故的调查分析和处置整改过程中，一定要注重深入事故现场，在现场获取最原始、最准确的资料，处置事故也更应当在现场进行。

☆☆☆☆☆☆☆☆☆☆☆☆☆☆☆☆☆☆☆☆☆☆☆☆

　　2017 年 6 月 13 日，某化工厂发生瓦斯爆炸事故，导致死亡 4 人、受伤 23 人，直接经济损失 490 余万元。当地党委、政府组织安全生产行业监管部门，成立事故调查组进行事故调查分析。因该起爆炸事故发生后，事故现场仍存在很大的危险性，调查组组长害怕亲临现场调查取证时会有危险，就仅靠听取有关情况汇报，以及和现场人员通电话的方式进行调查分析，调查组人员始终没敢去事故现场调查取证，导致他们对事故的原因分析很不全面、不准确，事故责任人的界定也存在失误。因此，他们在研究制定事故处置措施方面，也不符合事故的表现特点，导致现场救援组人员处置事故方法不得当，救援不彻底。最后还发生了二次爆炸事故，造成了更大的财产损失和人员伤亡。

☆☆☆☆☆☆☆☆☆☆☆☆☆☆☆☆☆☆☆☆☆☆☆☆

平时我们常讲："问题要在一线发现，情况要在一线掌握，困难要在一线解决。"这些话都强调的是我们做事情、处理问题要以客观事实为依据，在安全生产领域，同样如此。发生安全生产事故后，如何有效调查？需要在现场进行分析论证。问题、情况和困难如何发现和解决？也需要在现场找出准确答案。

安全事故发生后，调查组应通过现场勘测、技术取样、深入调查、科学分析、专家论证等方式，深入查清事故的前因后果和逻辑关系，查清相关人员安全责任落实情况，查清相关部门管理人员的监督管理情况。在调查清楚事故原因和有关情况后，事故处置和救援人员同样需要在事故现场研究制定处置整改措施，只有做到这些，才能把事故的原因分析透彻，才能有效保证事故的处置彻底到位。

鉴于不深入事故现场开展事故调查分析和救援处置的危害性，在发生安全生产事故后，企业方和调查组、救援组等需要充分注重事故现场的重要性。在具体操作层面，要注意以下几点。

（1）调查准备工作。接到事故报告后，相关行业主管部门要组织专人立即赶赴事故现场，组织事故救援与前期事故调查，并初步确定事故等级、类别和事故原因。与此同时，要迅速组建事故调查组，联合开展事故调查活动。在此基础上，尽快立案。牵头单位明确主办人员，由主办人员填写《立案审批表》，并由相关领导签署审批意见。

（2）现场调查取证。在做好前期工作的基础上，调查组要组织事故现场勘察，向当事人或目击者了解事故发生经过，提取相关物证。现场勘察完毕后，形成《事故现场勘察报告》。勘察报告应当包括事故现场勘察人员、勘察时间、勘察路线，说明事故地点基本情况和与事故相关的情况，认定事故类别，附有相应的事故图纸、照片等。参与现场勘察的人员在勘察报告上签字认可。

（3）制定事故防范和整改措施建议。在事故调查组通过深入事故现场，将事故原因调查清楚后，要根据实际情况，向事故发生单位和专业救援机构提出针对性的事故整改措施建议，事故发生单位和救援组根据实际情况，研究制定救援处置措施，并立即有序实施。

总之，安全生产事故发生在现场，事故表现的问题也存在于现场。那么，在开展事故调查分析和组织救援处置时，更离不开现场。在调查研究和处置安全生产事故时，必须以事实为依据，以现场为参考，全面、准确、科学掌握事故发生后的原因、表现，在此基础上，研究制定科学可行的处置救援措施，并迅速组织实施，确保让事故得到及时有效的处置，避免拖泥带水、处置不力而造成次生事故和二次伤害。

6. 落实交接班制度，安全情况交接清楚

在企业中，任何事情都是相互联系的，它们之间环环相扣、相互依存，如果哪一个环节出了问题，就会出现多米诺骨牌效应，造成无法预料的后果。落实好交接班制度是企业持续稳定生产的重要环节，企业员工在生产经营活动中，只有把交接班工作做到位，把安全情况交接清楚，才能确保生产经营各个环节不出现脱节现象和"真空"地带，从而保证生产经营各个环节的工作顺利有序进行。

☆☆☆☆☆☆☆☆☆☆☆☆☆☆☆☆☆☆☆☆☆

2019 年 9 月 14 日，某 220 千伏变电站停电检修 B 组变压器。当日上午，该变电站甲组员工 3 人实施维修作业，其中一处接线路安装了临时地线。但该组组长在填写情况报告单时，因工作疏忽没把这个问题写

进去。到当日下午2时，乙班3人前来交接班。交接过程中，甲班班组长向乙班班组长转交了问题报告单，但仍忘记了提醒在变压器一处接了临时地线。乙班继续开展维修作业，经过约3小时的维修，变压器故障得到排除。这时，乙班工人宋某在没有经过细致检查确保安全无异常的情况就合了电闸，造成带地线合闸的严重误操作事故。

☆★☆★☆★☆★☆★☆★☆★☆★☆★☆★☆★☆★☆★

在后期事故原因调查时发现，事故的直接起因是该变电站工作人员违反了交接班制度有关规定，交班班组长严重失职，没有在报告单上记录接地线情况，交接班时也未向乙班班组长交代清楚安全情况。同时乙班工作人员在没有细致检查的情况下，贸然合闸造成安全事故。由本案可以看出，企业作业人员严格落实执行交接班制度，交接清楚安全情况，是非常重要和必要的。

严格落实好交接班制度，尤其是交接安全情况，对于实现生产过程安排有序进行，防止出现问题隐患乃至安全事故等方面，具有重要的保障作用。交接班制度的有效落实，主要体现在"清楚交"和"明白接"两方面，同时还要注重交接的有序衔接，不能出现空白点。

（1）交接班前要完成本班工作。在生产过程中，交班者在交班前，应完成本班期间的各项工作，不要留下"尾巴"给接替的人员。比如，在交班前，要整理归置本岗位上的物品，认真清点数量，打扫好岗位及周边卫生，并对本班在当班期间发生的有关情况进行详细记录。

（2）务必做到无缝交接。两个班次在交接工作时，一定要做到无缝交接，避免出现"盲区"或"盲点"，因为很多安全事故就是在交接班上出了空白点导致的。所以，在交接班时，接班队员必须提前10分钟到达指定岗位，与上一班作业人员进行交接。在接班队员未到之前，交班队员切勿离岗或下班，否则因交接时间衔接不上而产生的一切后果由交班人负责。

（3）交班人员交班时要弄清有关情况。具体需要做到讲清、看清、点清和问清。讲清是指在交班时，企业领导有没有新的要求、指示或安排，本班次还有哪些尚未完成的工作需要接班人员继续完成。看清是指交班时相关物品是否完好和齐全。点清是指交班时清点清楚物品器械的数量。问清是指相关物品和事项向接班人员交接清楚后，要最后确认询问对方是否已经全面准确地掌握了情况，还有无疑问。

（4）明确交接班双方的主体责任和义务。在交接班时，有需要交代的内容由交班人负责，没有搞清楚的事项由接班人负责了解。交接班双方都没有规范履行交接手续内容的，双方都应负责。交班人应主动向接班人介绍本班次的相关情况，尤其是安全情况更要重点提醒和介绍，如果隐瞒或忘记介绍，发生问题由交班人承担责任。接班人在交接的过程中如果发现问题或疑问，要及时问清上一班人员有关情况，并向值班领导汇报。如果出现了双方都忽略的安全情况，交班人没说，接班人又没问，那么出了问题，则由交班人和接班人共同承担责任。

（5）明确交接的重要内容。在交接班时，交班人员要注重重要内容的交接，如器械的交接、岗位物品的交接、本班次有无异常情况及下一班队员需要做些什么工作等情况的交接。

（6）明白不准交接班的情形。在交接班过程中，存在下列情况不准交接：在接班队员未到场时，不得提前交接，一旦出现空岗情况而引发的各类问题，由交接人员承担责任；交班人员发现接班人员情绪或身体出现异常情况时，比如，饮酒、精神不振、情绪失控等情况，不得交班。

企业生产经营要顺利进行，不仅要求员工对本岗位工作负责，每个员工还要关心整个生产流程的整体运作。有时候，也许只是一句提示、一声叮嘱，就能化解一场危机。与此同时，员工之间的相互配合、相互监督、相互关照，也能规避失误，确保安全生产工作顺利、安全、流畅、有序进行。

7. 管理岗位发挥带头作用，认真落实排查制度

我们经常讲："火车跑得快，全靠车头带。"管理岗位人员应当发挥"指南针"和"风向标"的作用。只有这样，才能让一个团队有灵魂和支柱，才能有效保证各项工作扎实有序推进。在安全生产领域，如果发现企业存在安全风险隐患，企业的管理岗位必须先行一步，率先垂范，发挥好带头作用，带领其他人员认真落实好排查制度，共同把各类安全风险隐患排查彻底，消除到位。

在安全生产中，有些企业在发生安全事故风险隐患后，管理岗位相关人员缺乏应有的责任和担当，把事故隐患排查的责任过多推卸给企业员工。这种做法是非常不利于安全隐患排查的，因为企业管理岗位人员如果不担当、不作为，那么其他员工就会认为："当领导的还往后缩，我们普通的工人，更没必要去操这个心、冒这个险了。"试想，如果形成这种局面，企业发生安全风险隐患后，还怎么能做到全面、彻底、及时、深入的排查和处置？

☆☆☆☆☆☆☆☆☆☆☆☆☆☆☆☆☆☆☆☆☆☆☆

2019年12月22日，某服装厂发生一起因电线起火引发的火灾事故，造成2人死亡、8人受伤。事发当日上午，该厂厂区东北侧配电室

变压器出现接柱虚位打火现象。当时该厂保安宋某发现了情况，立即向值班经理王某报告了情况。王某当日患了重感冒，他坐在办公室里，怕出去加重感冒病情，又害怕变压器打火太危险可能会伤害到自己，就没出去，而是电话通知该厂电工徐某去现场察看情况。碰巧的是，当天徐某因患感冒，没有请假就提前回家了，接了电话之后徐某才从家赶往现场。因为延误了检修时机，造成变压器突然起火，引燃了旁边半开放式仓库中堆放的原料坯，导致火势迅速蔓延。在大家扑救过程中，有 2 名员工不幸丧生，另有 8 名员工受伤。

☆□☆□☆□☆□☆□☆□☆□☆□☆□☆□☆□☆□☆

事后，事故调查组在调查取证时掌握了值班经理王某的不作为问题，对其依法采取了处罚措施。通过该事故，我们可以分析一下，如果值班经理王某接到值班人员的情况报告后，能够迅速赶到现场，同时及时联系其他技术人员，迅速排除故障，就不至于让事态进一步扩大。至于王某自己患感冒的因素，不能成为他慢作为的理由。

企业管理岗位人员，理应在安全生产工作中发挥好表率和带头作用，尤其是遇到风险隐患和其他危险时，更要身先士卒，身体力行，带头排查问题隐患。为了避免类似的悲剧再次发生，在安全生产中，遇到风险隐患，作为管理岗位人员要做到以下几点。

（1）企业安全委员会每季度要组织对企业各部门、各班组、车间和岗位进行一次安全检查和抽查。企业安保部门每月要对企业各生产环节开展不少于一次的安全全面检查。鉴于节假日期间事故容易多发的情况，企业要在每年元旦、春节、五一、国庆节等节假日期间，开展专项安全大检查。

（2）安全检查的主要内容。在企业管理人员开展安全检查时，要根据企业生产经营实际情况，掌握了解需要检查哪些重点内容。主要包括劳动保护、安全制度、操作规程落实状况；安全技术、隐患整改落实状况；《化学品管理程序》《废弃物管理程序》等管理制度的执行状况；各种电气、机械设备的安全状况；应急准备与响应重点区域范围的安全状况；特殊工种作业状况等。

（3）开展季节性安全检查。每个季节都有不同事故隐患的存在点位和表现形式，需要企业根据季节时令变化，有针对性开展季节性安全检查。

开展季节性安全检查需要全员发动，一般由企业生产指挥中心负责组织，各部门、各班级、各岗位人员分别分解落实岗位责任，根据不同的点位和场所有计划地开展检查。检查中，要做到边检查，边汇总，边改善，及时总结经验，吸取教训。对于检查中发现的问题，能立行立改的立即整改，如果受各种条件制约一时难以整改，需要企业制订整改计划，限期整改完成。总之，针对检查中发现的问题，要做到事事有着落、件件有回音。

（4）开展经常性检查。在工作日和周末时间，企业安保部门需要每天做好安全巡逻检查，并详细做好记录，发现任何异常状况，都要高度重视，迅速处置。同时企业各部门、各班组、各车间相关负责人，要做好职能范围内的安全自查和交叉查工作。

作为企业管理人员要具有足够的责任和担当，这就要求企业管理人员在生产经营管理的过程中，不断提升自我管理能力，为员工做出表率，经常分析研究安全形势，尤其要注重亲力亲为排查处置安全隐患，靠扎实有效的"言传"和"身教"，和全体员工一起做好隐患排查工作，共同维护企业安全生产和员工人身安全。

8. 建立激励机制，激发员工自觉排查隐患行为

古人有句话："重赏之下，必有勇夫。"建立健全奖励机制，有利于充分调动人们的干事热情。如果奖罚不明、责任不分，像以往"干好干坏一个样，干与不干一个样"的状态，很难有效激发企业员工的主观能动性，企业上下难以形成凝聚力和向心力，这样对于安全生产隐患排查工作非常不利。

☆☆☆☆☆☆☆☆☆☆☆☆☆☆☆☆☆☆☆☆

2015年之前，某化工企业存在较多安全隐患，其主要原因是一些员工"事不关己，高高挂起"的思想意识比较突出，参与企业隐患排查的自觉性和主动性不高。后来该企业充分意识到这个问题，2016年以来，该企业在学习参观其他企业，借鉴先进管理经验的基础上，建立健全了安全生产隐患排查考核激励机制，通过考核奖励的方式，鼓励员工自觉查找身边隐患，根据员工查找发现的隐患大小和数量，分别给予一次性奖励100元至1000元不等的奖励，每周一次汇总，每半月一次通报表彰。这项政策充分调动起广大职工排查安全生产隐患的积极性。2016年11月13日，该企业第二车间技术工刘某在值班期间，发现该车间废酸池下端阀门和管道出现严重锈蚀和堵塞问题，刘某发现问题后，立即向车间主任报告了情况，车间主任迅速组织维修人员前来处理，更换了阀门和管道，避免了废酸排放不畅引发的酸液溢出的安全事故。

☆☆☆☆☆☆☆☆☆☆☆☆☆☆☆☆☆☆☆☆☆☆☆☆

该企业因为前期的赏罚不明，严重影响了员工的工作积极性，这也是当下很多企业的一种"通病"，可贵的是，该企业及时发现了在员工管理方面的弱点和短板所在，及时制定出台了实用、管用的奖惩措施，充分增强了全体员工的责任意识和集体观念，从而让更多员工能够积极主动地参与企业的安全隐患排查活动中。

生产经营相关单位，无论是出于企业自身安全和发展考虑，还是出于对员工人身安全的负责，都应该把安排隐患排查放在突出位置。而排查安全隐患，不仅仅是企业领导的事情，也不是某个部门、某个班组的责任，而是全体员工的责任。因此，企业需要建立健全奖励机制来调动全体员工的积极性。抛开行业特征不谈，就共同点来看，各级各类生产经营单位建立的奖励机制一般应当包括如下内容。

（1）编制目的。这是对整个奖励机制目的意义的表述和概括，类似于其他规范性文件的指导思想。编制安全隐患排查奖励机制的目的是充分调动企业全员参与隐患排查的积极性，加强对安全生产的全员监督，建立安全隐患排查治理长效机制，促进本企业安全、健康、有序发展。

（2）适用范围。一般企业出台的安全隐患排查奖励机制，适用范围即为本企业。

（3）文件依据。编制安全隐患排查奖励机制，必须依照国家相关法律法规及其他政策规定。比较通用的文件依据主要包括《中华人民共和国安全生产法》《国务院关于进一步加强企业安全生产工作的通知》等重要法律法规。

（4）隐患定义及分类。这部分内容主要是对安全生产隐患的定义、存在部位、存在方式、表现特征及危害等内容进行阐述。设置这部分内容的目的在于引导企业全体人员了解掌握事故隐患的有关知识，以便于更好地排查和消除隐患。

（5）本企业安全隐患总体情况。这部分内容，需要明确本企业具体存在哪些隐患点，对相关隐患进行详细阐述说明，以便于让员工全面、准确掌握身边事故隐患的特点和规律，为进一步排查消除奠定坚实基础。

（6）奖励措施。这部分内容主要是企业针对员工发现、举报、处置事故隐患情况，分别视情况给予一定物质和精神奖励。比如，员工发现举报单位或个人在安全生产条件不具备、隐患未排除、安全措施不到位的情况下组织生产的情况；使用不具备国家规定资质和安全生产保障能力的承包商和分包商的情况；违规组织生产的情况；擅自改变生产工艺和操作流程的情况；特种作业岗位人员无证上岗的情况；不如实上报安全生产隐患的情况；作业环境危害因素超过国家规定标准的情况等。在隐患排查中，对于发现重大安全隐患提出整改措施，并且取得实效的员工，在基础奖励的同时，还应该给予特别的奖励。

（7）举报排查程序。这部分内容主要包括员工需要通过什么方法和途径来排查和举报各类安全隐患。举报人可以通过书面或口头形式向企业领导汇报情况，包括实名和匿名举报。举报时可留存相关证据作为佐证材料。员工排查或举报的事故隐患，企业管理人员要详细记录有关情况，并及时组织调查核实。

（8）举报纪律。这部分内容主要是相关员工对发现、举报的事故隐患真实性负责。排查和举报人反映的事项应当客观真实，由相关员工对其提供材料内容的真实性负责。排查举报者应该客观真实、公平公正反映事故隐患情况，严禁相关人员为骗取奖励而谎报、虚报事故隐患，更不能歪曲事实，诬告陷害他人，也不得自己人为制造安全隐患。必要时，企业要对排查举报人的信息严格保密。一旦出现打击报复的现象，企业负责人要依规依纪对当事人采取严厉的惩罚措施。

（9）隐患处理。这部分内容属于员工实操性内容。主要是员工排查发现相关事故隐患后，如何逐级上报，如何按照事故隐患应急处置办法进行有序处置，以及如果个人无法独立完成处置时，如何争取援助，共同处理。

（10）组织实施。这部分内容主要包括组织机构、氛围营造、监督检查、考核评比等内容。

安全隐患排查是每个企业全体人员的共同责任，企业自身需要通过建立健全事故隐患排查奖励机制，有效调动起方方面面的积极因素，在企业上下形成人人参与、人人担当的良好局面，共同维护企业安全生产和员工生命财产安全。

第六章

加强员工自检自查，不做习惯性违章的牺牲品

在员工作业过程中，习惯性违章行为时有发生。这些违章行为时时处处危害着生产安全和人身安全。少了自检自查的过程，就少了对自身行为的正确审视和判断，这是安全生产的大忌。为了远离习惯性违章，免受各类伤害，作为企业的一员，我们要经常审视自己的行为是否合乎生产规范性要求，勇于向习惯性违章说"不"。

1. 自动自发，从"要我安全"到"我要安全"

对企业而言，安全是永恒的主题，企业有了安全才能有效益，员工的生命财产安全基础才能稳固。而在现实中，总是难以避免会发生各类生产事故，给企业财产和员工生命健康带来损失，发生生产事故的原因是多方面的，其中员工主动安全意识淡薄是其中之一。

在工作中，我们发现许多员工对待安全问题，总是怀着侥幸心理。有的不愿穿工作服，嫌工作服粗笨；有的不戴安全帽，嫌安全帽太沉；有的高空作业，不系紧安全带，嫌勒得紧；有的偷偷地在车间角落吸烟；有的劳动工具用完不归位；更有甚者，车床在运转着他们竟然跑去上厕所。时间长了，不以为意，隐患就会无处不在，而事故也会说来就来。我们在日常生产工作中，可以从以下几方面来做到自动自发安全生产。

（1）视安全为需要，提高自我安全意识。安全意识是员工在生产活动中安全观念的反映。我们要先有安全的意识，才会有安全的行为；有了安全的行为，才能有安全的结果。因此，我们是否具有强烈的安全意识非常重要。这就要求我们不管做什么事情，首先要考虑安全，考虑做这件事有哪些危险，会有什么样的后果，事先应采取哪些应急和防范措施。在生产中，不乏一些员工通过增强主动安全意识，实现严格自我管理约束，避免各类事故发生的例子。

☆☆☆☆☆☆☆☆☆☆☆☆☆☆☆☆☆☆☆

　　司某是某造纸厂切刀技术工，在该企业已经工作了五个年头。司某的工作能力较强，工作操作也比较熟练，但他个人思想比较活跃，有时候工作不够细致。一年前，他曾经有3次因为操作切纸机时，为赶进度而把设备速度设置偏高，导致部分切割材料出现切割不齐、缺页错页等问题。车间主任项某曾多次当面指出过这些问题，但司某总难以有效改正。直到一个月前，司某又在一次作业时，因为机器设定速度过高，不慎切断了自己的左手中指。从那次事故以后，司某下定决心，一定要改正自己的毛病。他主动接受企业组织的安全教育，并在同事的见证下，向车间主任写出书面承诺，今后绝不再出现类似问题。从此以后，司某逐步彻底改正了自己的缺点，并在自己所用的设备上贴了警示语，自己之前的毛病再没出现过，也没再发生过疏漏和事故。

☆☆☆☆☆☆☆☆☆☆☆☆☆☆☆☆☆☆☆

　　司某之前之所以频频出现作业问题和事故，和他自己自恃业务熟练、安全意识薄弱有直接关系，体现在行动上就是逐步积累形成的习惯性违章。而当因自己所产生的工作失误越来越多，直至本人产生意外伤害时，他才逐步意识到事态的严重性，真正产生了改变自我的主观能动性。由此可见，员工只有真正从内心深处增强了安全意识，发自内心地珍爱生命，真正领悟生命的价值，才能有效避免各类违章行为。

　　（2）系统学习安全规程和安全技术。员工的思想意识由被动向主动转变，熟悉掌握安全规程和安全技术是直接、有效的方法。因此，在生产过程中，员工应该通过参加培训、外出学习、个人自学、他人帮带等多种形式，主动加强安全规程和安全技术。在学习过程中，要做到从书本学、从网络学、从同事学、从实践学。有了安全知识和能力基础，我们的主动安全意识就能在潜移默化中不断提高。

（3）主动参与安全活动。为了增强员工的安全意识和安全能力，很多企业会组织开展一系列安全活动，如事故应急演练、安全主题拓展训练、安全技能"大比武""大练兵""大考核"等。这是企业在长期的安全生产实践中总结探索出的系列活动，是预防事故、保障员工安全的有效措施。作为企业员工，我们要从思想上把参与安全活动作为一种必需，一旦企业组织开展安全活动，都要踊跃报名，在参与安全活动过程中，不断强化安全意识，提升安全能力。

（4）认真参加"班前会"。班前会是员工作业之前的"必修课"，它是为员工安全行为护航的重要环节。在实际生产中，有些企业员工把班前会当作一种"走形式""表面文章"，这是一种错误的思想认识，也是员工主动安全意识差的体现。在每天工作前，我们要认真参加班前会，看看今天的工作有哪些注意事项，有哪些技术要求，有哪些安全隐患，对这些了然于胸，才能避免生产过程中的盲目和冒险。班前会认真对待了，有关要求掌握熟悉了，我们的主动安全意识也会随之提高。

我们要想实现由"要我安全"到"我要安全"的转变，离不开自动自发意识，通过增强自身主观能动性。在实践中，员工要通过多渠道、多方式、多角度接受教育引导。只有自身的安全意识强了，安全素质高了，才能让其自我保护意识和能力同步提高，逐步实现从"要我安全"到"我要安全"的转变。

2. 规范自检自查制度，员工把好安全"第一关"

　　要防范因为习惯性违章而引发的安全事故，我们就要提高自己的安全意识，养成良好安全习惯，勇敢抵制违章行为，坚守自己的安全底线，保护自己的安全，也保护工友的安全。

　　排查隐患、防范事故可以通过多种渠道和方式实现，其中企业建立健全自检自查制度，让员工在企业自查制度之下，有序开展好事故隐患和风险点自检自查工作，由员工共同努力把好安全"第一关"，是保障企业安全生产秩序的重要一环。

　　在具体操作层面，企业员工可以通过十方面开展好安全生产自检自查活动。

　　（1）看"破"。针对企业生产中的各种机械设备，员工要善于观察，在自检自查设备时，发现一套设备、一个机械、一个部件有破损之处，一般可以判断存在安全隐患。

　　（2）看"缺"。员工在自查中，一旦发现在生产过程中需要的某些物品、零件、组件或其他物件，本来应该有但没有了，基本上可以认定为设备方面存在安全隐患。

　　（3）看"裸"。如果在生产过程中有些东西本身具有危险性，同时它又裸露在人可以触及或者容易误触碰的范围内，基本上可以认定为存在安全隐患。

　　（4）看"乱"。安全生产的过程往往要求规范、有序和严谨，如果员工在自查自检中，发现某个部门、某个班组、某个岗台或者某个工作环境内，出现了设备、机械、物料等方面的杂乱无序状态，一般可认定为存在安全隐患。

（5）看"挤"。在很多安全生产环境中，人员、机械、车辆等方面一般都有安全距离方面的硬性要求。员工在检查时，一旦发现人员、设备、车辆等出现零距离或是距离过小的拥挤情况，基本上可认定存在安全隐患。

（6）看"堵"。在生产过程中，一些管道、孔洞等部位，应当是通畅无阻的，以保证设备正常运转。如果员工在作业现场发现了应该畅通而未畅通的部位，一般可以认定存在安全隐患。

（7）看"闪"。安全生产中很多机械设备都安装着运行指示灯、显示器等元件，用来辅助员工判断机械是否运行正常。如果员工在检查中发现，某个设备的运行指示灯、指针或者是显示器不停地闪动或指针摇摆晃动，一般可判定为机械设备出现了故障，存在安全隐患。

（8）看"晃"。一般情况下，在安全生产过程中，多数机械设备、操作平台和其他相关辅助工具，都需要进行一定程度的固定处理，以保证稳定性。如果员工在检查中发现了设备、平台或相关工具出现了晃动移位现象，基本上可以判断存在安全隐患。

（9）看"仿"。在安全生产中，有些企业负责人出于生产成本的考虑，会自己仿制或购置一些相对价格低廉的仿制品，这些仿制品一般在技术参数、设备性能上没有安全保障。员工在检查过程中，如果发现了身边工作环境中存在这类仿制品，基本上可以判断存在安全隐患。

（10）看"瞒"。员工在检查相关人员工作情况时，如果发现了问题隐患点，在和相关人员交流时，对方闪烁其词、避重就轻，一般可以认定为该责任人是在隐瞒事实真相，存在安全隐患。出现这种情况后，员工应该及时向主管人员汇报情况。

企业员工在自检自查制度指导下，主动积极地开展好自检自查工作，这是员工队伍战斗力、凝聚力的一种良好体现，同时也是企业做到"未雨绸缪"和防患于未然的重要保障。所以，企业员工应该当仁不让，主动作为，认真开展自查自纠，不放过一个细节，不忽视一个风险点，确保自检自查工作不留死角、不留盲区。针对员工自检自查中发现的相关隐患、问题和缺陷，企业要按照定人员、定时间、定措施、定资金的原则制订整改计划，迅速落实整改措施，全力防范事故发生。在整改落实过程中，同样需要员工的广泛参与。在生产实践中，有不少企业通过多项积极措施，引导员工树立起良好的安全观，学习掌握了事故自查自检的要领，让企业安全形势不断好转。

☆☆☆☆☆☆☆☆☆☆☆☆☆☆☆☆☆☆☆☆

某钢铁公司连铸车间的25名员工通过每天三个"一分钟"，牢牢把住安全生产第一道闸门。一分钟合唱：每天班前会期间，25名员工都会齐声高唱《团结就是力量》《咱们工人有力量》等鼓舞士气的正能量歌曲。大家在雄浑激昂的歌声中，情绪高涨，劲头十足。一分钟风险管控：在生产过程中，25名员工经常围绕自己当班的工作任务，围绕岗位隐患、作业流程、注意事项开展描述和分析，员工之间互相提点、互相补充，有效规避了各类违章行为。一分钟检查防护用品：每次作业时，25名员工都对阻燃服、安全帽、劳保鞋、鞋套、护目镜、耳塞等防护用品进行细致检查，逐一进行安全确认，久而久之，员工们都养成了自觉规范穿戴安全防护用品的好习惯，为自身安全筑起坚固的"防护罩"。

☆☆☆☆☆☆☆☆☆☆☆☆☆☆☆☆☆☆☆☆

这三个"一分钟"看似平常，实际上每个"一分钟"的行为都不是流于形式的内容，并且，他们是真正从把好安全第一关、维护好生产安全和人身安全的角度去推动工作的。在实际操作中，每个"一分钟"都有助于员工把好安全生产第一关，都能让员工每天吃下一颗"定心丸"、打下一剂"强心针"。同时，实践也已充分证明，该企业25名员工每天开展的三个"一分钟"，确实是简便易行、实用管用的好措施。

企业安全生产中，尽管总有一些隐患和事故伴随左右，但企业可以通过建立健全自检自查制度，以员工为主体，在自检自查制度的指导下，让员工凭借责任、耐心、态度和能力去全方位开展好自检自查活动，和生产经营过程中存在的各类隐患和事故"斗智斗勇"，千方百计把它们消除和减少，就能够牢牢守住安全生产的"第一关"。

3. 定期开展自检活动，建立"日省吾身"的安全意识

曾子云："吾日三省吾身。"作为企业员工，应当定期开展自检活动，建立起"日省吾身"的安全意识。员工一天工作下来，要想想当天是否认真穿戴好劳动防护用品、是否按规章作业等。这样每日对自己工作的自我检视，有助于员工及时查漏补缺，改进提高。

作为一名企业员工，经常自我检视和反思总结，有助于个人及时总结每天的工作成绩，查找还存在哪些问题，深入分析原因，为进一步改进提升奠定基础。尤其是当员工身边发生安全事故时，更需要深刻反思总结，从事故中总结教训，采取有力措施整改，避免今后再发生同样的悲剧。

对于企业员工来说，在他们平时的工作经历中，可能会发生因下班

心切或者其他原因，而忘记关掉阀门、忘记切断机械电源，或者忘记领导交代的某项重要工作等问题，这些问题看似很平常，但都有可能带来重大损失，甚至会酿成事故、丧失生命。

☆☆☆☆☆☆☆☆☆☆☆☆☆☆☆☆☆☆☆

2020年5月21日，某化肥厂员工项某下班后急匆匆往家赶，到家后突然想起来，自己工位上的二号机器忘记关闭向肥料混浆池里加硫酸的泵的电源开关，当时也忘记向接班的工友交代清楚。项某手头也没有接班工友的手机号。项某情急之下赶紧赶回厂里，跑向自己的工位去关停酸泵，但已经晚了，酸液已溢出池外，顺着楼梯口浇到他的头上。最终项某被酸液严重灼伤，不仅身体受到了严重伤害，而且心理蒙上了终身阴影。

☆☆☆☆☆☆☆☆☆☆☆☆☆☆☆☆☆☆☆

硫酸属于危险品，如果处理不当，就很容易发生意外伤害事故。案例中的项某肩负着硫酸泵操作的重要任务，理应时时处处细致小心，规范操作，但他却粗心大意，竟然忘记关闭加酸泵阀门，而且也忘了向下一班接班人员交代清楚。这一系列的错误行为，最终引发了安全事故，让自己受到了严重伤害。

在安全生产中，如果员工不能做到"日省吾身"，当日事不能当日毕就会留下隐患，有事不交接清楚会随时危害到下一班接班员工，自己每天的损益得失不及时总结就有可能重蹈覆辙，产生习惯性违章。"吾日三省吾身"对于企业员工来说，不仅是对自我负责，更是对企业负责。养成良好的安全意识，不是一朝一夕就能做到的，需要我们长期坚持，日日反思，要有安全第一的使命感和强烈的责任心，要在自检自查中养成自觉自律的习惯，将安全规程作为自己的行动指南，让安全好习惯取代危险坏习惯。

4. 落实自查自纠政策，敢于追溯责任源

　　企业存在安全隐患或者发生安全事故，需要员工认真落实自查自纠政策，追溯责任源头，分析清责任主体和问题隐患以及事故的源头所在。在开展自查自纠过程中，需要员工勇于承担责任，敢于较真碰硬，本着客观真实、公开透明的原则，认真追溯责任源头，把相关责任真正落实到相关领导、员工等责任人身上，这才有利于隐患的精准排查消除和事故的妥善处理。

☆☆☆☆☆☆☆☆☆☆☆☆☆☆☆☆☆☆☆☆☆☆☆

　　夏朝时期，有一年，有扈氏率兵入侵，兵临城下，情况相当危急。为了抵抗有扈氏的侵略，夏禹派出他的儿子伯启奋力抵抗，在战争过程中，因为有扈氏的军队太过强大，伯启经过艰苦战斗，最终还是失败了。打了败仗后，伯启的部下很不服气，觉得有扈氏也没什么可怕的，这次只是他们侥幸打赢而已。于是，大家纷纷向伯启建议再次攻打有扈氏。但是，伯启经过冷静思考后说："先不打了。大家想想，咱们的军队比他们人数多，地盘也远远比他们大，但咱们吃了败仗，说明我的实战能力和带兵水平不如人家。接下来，我需要改进和休整军队。"此战之后，伯启每天早起晚睡，经常自查自检自身，积极任用贤才，能力逐步得到提升。一年之后，有扈氏听说了伯启的发愤图强，不但不敢再次侵犯，还主动向伯启投降了。

☆☆☆☆☆☆☆☆☆☆☆☆☆☆☆☆☆☆☆

　　我们难免会遇到挫折或者失败。面对这些，不能自暴自弃，而应当像伯启那样，认真反思自己，自查自纠，找出问题症结所在，有针对性地进行整改，只有这样，自身才会越来越强大。经过不断的自查自纠和发愤图强，我们总能在逆境中走出来，获得新的成功和胜利。

作为企业员工，要掌握学习落实自查自纠政策、追溯责任源的方式方法，借以降低事故影响。在落实自查自纠政策、追溯责任源过程中，需要重点围绕安全风险管控情况、安全法律法规落实情况、施工现场情况、应急管理情况和安全生产标准化工作开展情况几方面去开展工作。

（1）安全风险的管控情况。在生产过程中，企业员工需要加强安全风险管理，这是防范安全事故的一项基础性工作。在实际操作中，员工要对企业生产中的风险识别和风险管控情况进行检查，要重点查纠相关的安全风险管控资料是否齐全，相关的风险管理机制制度是否在工作现场得到有效落实。

（2）安全生产法律法规、标准规程执行情况。安全生产法律法规适用于安全生产各个领域和行业。在生产过程中，员工要对照相关法律法规和制度，查纠自身的生产操作行为是否违法违规、是否存在"三违"行为。同时，还要查纠企业相关安全管理人员配备和到位情况，相关设施、装备、设立、器材、工具安全管理制度标准建立和执行情况。

（3）施工现场安全隐患排查、治理情况。在作业现场，往往会存在一些隐性和显性的安全隐患。员工需要对作业现场的重点设备、工具、物料以及工作环境等方面，深入细致地开展好自查自纠工作，查纠设备是否存在安全隐患、日常维护是否及时、生产工程是否合规、对易发生安全隐患的点位和场所是否采取了有效的防护措施。同时，还要重点查纠对排查出的隐患治理整改情况。

（4）应急管理情况。每个企业都需要建立健全应急预案，根据生产需求，配足配齐应急救援物品，经常组织员工开展事故应对应急演练。企业员工要重点对应急管理体制机制建设、应急演练活动开展、施工现场或作业过程中风险隐患排查管控情况等方面，开展深入细致的查纠工作。

（5）安全生产标准化工作开展情况。要重点查纠施工现场是否有效落实了安全生产标准化有关措施，具有危险性的作业现场是否规范设置了醒目的安全警示标志，是否有安全生产标语和宣传内容，工地建筑围挡是否安全牢固，施工现场相关物料和工具的存放是否规范到位和安全等。

在有效落实自查自纠制度、敢于追溯责任源方面，员工还要明确自查自纠的主体是企业所有人员、全部岗位和全部点位，不能有缺失和遗漏。在实践过程中，要注意深入分析自查内容。根据查纠任务要求，要带着任务清单，逐条逐款地比对自查被查主体存在的问题，千方百计做到所有内容全部深入查找一遍。

落实自查自纠制度，追溯责任源头，不是一件简单的事情，需要我们具有强烈的安全意识，较强的安全技能和敢于较真碰硬的工作作风。工作中，要严谨细致、明察秋毫，不能图省事、嫌麻烦、怕揭短。落实好自查自纠制度，追溯清楚危险源和责任源，将会大幅提高事故隐患排查效率和事故处置速度。

第七章

杜绝违章操作，严守规章制度

在安全生产领域，有句大家非常熟悉的话："事故猛于虎。"安全事故有多方面的诱因，员工的违章操作是其中之一。违章操作破坏了安全生产本身应该遵守的规矩，规矩一旦破坏了，就容易"引火烧身"。如果员工珍爱自己的生命，想保障生产安全，就应当严守规章制度，杜绝违章操作。

1. 生命安全第一，远离违章是第一步

人的生命是最宝贵的财富，无论我们从事什么职业，都应该把生命安全放在第一位。在安全生产领域，员工从事的岗位不同，所面临的人身伤害危险程度也有所差异。因此，作为企业员工，在平时的生产活动中，要根据自己的岗位特点，做到时时处处按章操作，用规范的行为来保障自己的安全。

对于企业员工来说，远离违章是基本的职业要求，也是保障生命安全的第一步。在现实中，有些企业员工安全意识淡薄，或者不熟悉掌握安全生产作业规范性要求，或者在侥幸心理、经验心理、麻痹思想等因素影响下，工作中太过随意，经常出现各种各样的违章行为。殊不知，很多安全事故都是因为员工的违章行为引发的。无论违章行为的程度如何，都存在潜在的危险性，所导致的安全事故也会有不同的危害和影响，无论影响大小，都将破坏企业的安全生产秩序，带来财产损失甚至人身伤害。

☆☆☆☆☆☆☆☆☆☆☆☆☆☆☆☆☆☆☆☆☆☆☆☆

2019年1月26日，某支线线路段出现了电路故障，需要进行停电登杆检修。某市供电公司高压检修管理所作业施工组在该线路段停电登杆检查。当日上午10时许，登杆作业人王某、工作监护人许某没有核对线路名称及杆号，王某误登上另一个回路带电的线路杆塔。登上杆时，接触到高压线路，王某不幸当场触电身亡。

☆☆☆☆☆☆☆☆☆☆☆☆☆☆☆☆☆☆☆☆☆☆☆☆

分析王某触电身亡的案例，原因在于他和工作监护人没有严格按照作业操作规程要求、认真核对线路名称和杆号，导致王某违章作业，最终付出了生命的代价。十次事故九次违章，这不是危言耸听，而是血淋淋的事实。在现实中，类似这种因员工违章作业带来工伤事故的案例并不少见，一个个鲜活的生命就倒在了违章作业中。所以，在工作中我们一定要明白什么是违章违纪、什么是遵章守纪，一丝不苟、认认真真地按规程操作，避免危险，保证安全。

员工的生命安全永远是第一位的，在保障自身生命健康安全的基础上，才能创造财富和价值，因此我们在任何时间、任何地点和任何场合，都要注重生命健康安全，而做到生命安全，远离违章是基本要求之一。在实际生产工作中，我们要重点从以下几方面远离违章。

（1）设备突然停电时仍要防范触电事故。在带电作业中，有些员工误认为设备突然停电就已经无电，其实不然。因为设备因短路发生部分停电时，仍有部分是有电的，员工接触后，容易引发触电事故。因此，设备突然停电时，要视为设备带电，千万不可麻痹大意。

（2）焊接作业现场要注意清理周围可燃物。焊接作业现场的可燃物是重要的危险源，如果作业前不及时彻底清理，作业中产生的电焊火花极易引燃可燃物，导致火灾发生。所以，员工在进行焊接作业前，务必及时清理作业现场周围的可燃物，以消除火灾隐患。

（3）不在起重设备上方作业或停留。在起重机械作业时，如果有员工在起重臂下作业或停留，一旦重物未捆绑牢固或出现机械故障，很容易导致下方人员伤亡。因此，员工要注意，发现其他人在起重机下作业或逗留时，要及时提醒和劝阻。

（4）不要擅自检修带压力的管道设施。一些带压力的管道设施，在检修时一定要慎重，一旦违章作业，容易引导管道破裂爆炸伤人事故。

（5）高空作业不要抛掷工具及材料。有些高空作业人员为了图省事而出现上下抛掷工具及材料问题，这样做很容易因操作不慎砸伤作业人员。

（6）不在未采取防护措施的轻型屋顶上行走。未采取防护措施的轻型屋顶，员工踩上去，容易发生坠落伤害。

（7）站在吊篮里作业仍需使用安全带。作业时，如果吊篮倾覆或钢丝绳突然断裂，员工未系安全带，容易发生坠落伤害事故。

没有什么比安全和生命更重要。违章行为所带来的后果往往是各种工伤事故。"高高兴兴出行，平平安安回家。"这是每个企业员工及家人的共同心愿，而这种平安需要靠员工的规范行为来保障。因此，每个企业员工都应当把远离违章当作最基本的职业素养之一，要经常从身边或其他地区发生的安全生产事故中吸取教训、反思自身，从一个个因违章而产生的血淋淋的教训中自省、自警、自制。

2. 严守作业规范，安全规程就是行为标尺

在企业生产经营活动中，很多生产环节都有严格的安全规程，这些安全规程从各方面规定了员工日常生产作业的正确行为，因此，它们是员工规范作业的行为标尺，也是企业生产安全有序的重要保障。

对于生产经营单位而言，由于行业性质不同，安全规程的细节内容也有所不同，但透过现象看本质，无论哪个行业、哪个企业的安全规程，都是基于企业的生产实际需要而制定的，其出发点和落脚点都是为了保障企业生产经营秩序的安全和正常，为了保护员工的生命健康安

全，进而有效提高劳动生产效率和产品市场竞争力。尽管企业安全规程如此重要，但在现实中，仍然有些企业员工无视安全规程的存在，在作业过程中任性而随意，这样带来的后果往往是事故和损失。

☆☆☆☆☆☆☆☆☆☆☆☆☆☆☆☆☆☆☆☆☆☆☆☆☆

2019年4月13日下午3时左右，某大型游乐场内，很多群众带着孩子在各种游乐设施上玩耍，场面非常热闹。这时，意外突然发生了，一位年轻女性罗某在乘坐大型过山车游乐设施时，遇突发状况，被甩了出来。罗某从20余米的高空摔到地上，后被紧急送往医院，经抢救无效不幸身亡。事故发生后，相关部门立即组成调查组开展事故原因调查及善后处理工作。经专家现场勘验，事故原因被查清，主要是因该游乐场相关人员未按安全规程操作，乘坐者罗某进入座舱后，压肩护胸安全压杠没有推到位，安全带也没有系紧。在过山车快速运转过程中，罗某在离心力作用下，压肩护胸安全压杠下滑出来，拉断安全带被甩了出来。

☆☆☆☆☆☆☆☆☆☆☆☆☆☆☆☆☆☆☆☆☆☆☆☆☆

发生在该游乐场的安全事故，就是因为相关员工不按安全规程对游客进行有效的安全保护，而导致人员伤亡，教训非常惨痛和深刻。

企业员工要想严守作业规范，需要掌握安全规程的内容体系。只有掌握了安全规程的要求，才能做到有章可循，避免作业行为的盲目性。一般来讲，企业安全规程包括人、财、物、供、产、销等各个环节，要求企业全体员工共同遵守。安全操作规程内容体系框架主要包括以下几方面。

（1）总则。总则是企业安全规程的总括性内容，主要包括安全规程的编制目的、文件依据、工作目标、遵循原则等。

（2）工作前的安全规则。指在生产过程中，员工作业前需要遵循哪些安全规则，由企业结合实际情况，对生产作业之前需要做的人员、物料、机械、环境、防护用品等方面的准备工作提出相关的安全规则要求。

（3）工作时的安全规则。指在员工作业期间需要遵循的安全原则，工作时的安全规则贯穿于企业作业的全过程、全环节、全领域和全人员。

（4）工作结束时的安全规则。指的是员工作业完成后，对后期物料处理、设备关停、安全检查等方面提出安全要求。

（5）设备操作规程的阶段。设备操作规程内容一般包括对设备状态、人员状态、操作程序、作业环境、人机交互和问题处理等方面的规定。具体可分为作业前、作业中和作业完成后三个阶段。

①作业前阶段。员工开始作业前，要做好充分的前期准备工作，主要包括准备好相应的物料，对设备安全状况进行判断，同时注意观察作业环境的天气情况、采光情况、通风情况、地形等情况，清理好工作现场无关的物品。员工还要确认自己的精神状态、衣着及劳动防护用品的佩戴情况。物料情况、设备情况、环境情况及人员精神情况、保护措施情况准备充分了，再开始作业。

②作业中阶段。员工在作业过程中，各种工件装卡要牢固。设备自动控制时，要调整好限位装置；设备运转时，员工不得离开工作岗位，发现故障要立即停止操作，及时排除故障后再开机运行；中断作业检查维修时，一定要停止设备，切断电源；严禁超时间、超负荷使用设备。

③作业完成后阶段。员工作业完成后，要注意检查各类操作手柄、按钮复位情况；要认真清点各类工具，作业过程中所用的辅助设施要及时拆除；要清理作业现场相关物品；如果维修作业没有完成，要向下一班人员做好交接；个人防护用品在作业完成后，要及时摘除归位存放。

在安全生产领域，每个施工生产岗位，都存在着不同程度的危险性，尤其是线路施工、高空作业、大型机械作业、带电作业等岗位的危险性更大。这就要求相关从业人员务必熟悉掌握本岗位的安全制度、安全操作规程是什么。员工必须反复学习、认真掌握岗位安全操作规程，并在实际操作中严格遵守这些规程。

在生产过程中，企业安全规程是为了保证安全生产和员工安全而制定的活动规则。每个企业的安全规程都充分基于企业的生产性质、机器设备的特点和技术要求，并根据本企业和本行业出现过的各种情况和问题，在反复总结、分析、论证的基础上制定的。因此，企业安全规程也是企业对员工进行安全教育的重要制度，同时也是处理伤亡事故的一种依据。每个企业员工都要共同严格遵守。

 ## 3. 恪守生产制度，任何违章行为都要禁止

生产中的大部分事故都是由于违章引发的。违章如同不定时炸弹，我们稍不注意自己的行为，就相当于点燃了炸弹的导火索，事故会在瞬间发生。所以我们必须恪守生产制度，这既是对企业安全生产发展负责，也是保障自身生命健康安全的迫切需要。如果企业制定出台了一系列生产制度，而我们对其视而不见，或者不严格遵守，那么制度的存在将失去意义，即便再周密科学，也将会成为一纸空文。

☆☆☆☆☆☆☆☆☆☆☆☆☆☆☆☆☆☆☆☆

2015 年 4 月 5 日，某五金制品公司发生一起铝粉尘燃爆事故，造成 5 人受伤。当日上午 9 时 20 分，该企业维修工周某在没有按照规定采

取安全遮挡措施的情况下，使用手持式电砂轮机切割抛光机风管。切割过程中，电砂轮产生的火花被吸入旋风除尘器内，引燃了除尘器内的铝粉尘并发生爆炸。爆炸发生后，包括周某在内的5名作业现场员工，全部躲闪不及，均不同程度受伤。

☆☆☆☆☆☆☆☆☆☆☆☆☆☆☆☆☆☆☆☆☆

在事故调查中发现，事故的起因是周某违反动火审批制度和操作规程，从深层次看，是周某无视企业的安全生产制度，工作太过随意而引发事故。公司主要负责人和相关管理人员也没有履行安全生产管理监督职责，对事故负有间接责任。

在生产中，有些员工觉得安全制度规定是一种"累赘"和"束缚"，他们喜欢所谓"自由"和"无拘无束"，总觉得那些硬邦邦的制度规定太僵化、太死板。在这种心理影响下，这些员工在作业中就往往会任性随意。工作过程中，如果有人监督，就象征性地认真规范去做事情。而一旦身边没人监督检查了，就马上变得自由散漫，随意操作。这样做带来的后果往往是各种意想不到的事故和伤害。因此，我们要真正意识到各类生产制度和规范是自己安身立命的"护身符"，而绝非"紧箍咒"。

作为企业的员工，不仅要明白恪守生产制度的重要性，更要在具体工作实践中，从以下几方面做到避免违章行为的发生。

（1）作业过程中，必须做到时时处处严格执行各项规章制度和操作规程，自觉杜绝一切违章操作行为。

（2）作业前要充分做好危害识别和风险评价工作，做好充分的心理准备和其他行动方面的准备工作。

（3）作业过程中，根据岗位工作要求，必须严格按规定规范穿戴整齐劳保防护用品，防止工作中出现机械伤害或其他方面的伤害。

（4）在生产之余，要积极参加企业组织的安全生产制度教育、培训和事故处置应急演练等活动，全方位提升自身的知识水平和操作技能，为杜绝违章作业奠定坚实的知识能力基础。

企业的生产制度是企业规范管理的体现，也是对企业安全生产和员工生命财产安全的坚实保障。各企业员工要充分认识到生产制度的重要意义，思想上真正重视，行动上真正规范，全力维护企业安全稳定的生产秩序。

 ## 4. 及时消除人的不安全行为

人的不安全行为是指人们在工作时容易产生伤害的不安全行为，如操作错误、忽视安全、忽视警告而造成安全装置失效，使用不安全设备，手代替工具操作，物体存放不当，冒险进入危险场所，攀坐不安全位置等。人的不安全行为主要包括组织的不安全行为和个体的不安全行为。组织的不安全行为主要是过分注重经济效益，忽视安全工作，技术设计和措施不安全，对安全工作指导检查不够，安全生产制度不健全，事故隐患整改不及时等；个体的不安全行为主要是"三违"（违章指挥、违章作业、违反劳动纪律）。

在员工参与企业生产活动的过程中，需要时时处处注重行为安全，避免发生任何不安全行为。因为一旦员工出现不安全行为，就有可能影响生产的正常秩序，可能会影响到机器设备的正常运行，引发各种不可预知的故障，从而容易引发安全事故。

企业要想实现生产安全和员工生命健康安全，需要加强员工的安全管理和监督，一旦发现员工出现不安全行为，要及时警告并责令立即改正。在现实中，出现过不少因员工存在不安全行为，又得不到及时制止和纠正而引发的安全事故。

☆☆☆☆☆☆☆☆☆☆☆☆☆☆☆☆☆☆☆☆☆

2019年2月11日，某建筑工程施工现场，临时工刘某在为搅拌机上料时，身穿大衣开展作业。作业过程中，刘某需要关闭卷扬机热水箱的阀门。搅拌机距离卷扬机仅2米之隔。刘某在关闭热水箱时，身上的大衣不慎被钢丝绳卷住，把刘某扯倒了。刘某赶紧挣扎，但钢丝绳越缠越紧，刘某挣脱不开，最后，他被带入搅拌机料箱内，当场身亡。

☆☆☆☆☆☆☆☆☆☆☆☆☆☆☆☆☆☆☆☆☆

卷扬机无防护，刘某身上的大衣被钢丝绳卷住。事故的发生表面上是由于物的不安全状态引起的，更深层次的原因其实是人的不安全行为。钢丝绳随时都有可能把人卷进去，作为作业者，首先在头脑中要有清晰的物的不安全意识，穿戴要符合作业要求，但是刘某却身穿大衣为搅拌机上料，无疑是让自己走向事故的深渊，最终也因为他的这种不安全行为引发灾难。

作业过程中，要想避免出现不安全行为，就有必要了解在安全生产领域，员工的不安全行为都有哪些种类和表现，认识清楚这些不安全行为之后，才有助于员工对照反思，做到有则改之、无则加勉。概括讲，不安全行为大概分为13种。

（1）操作错误，忽视安全，忽视警告。主要包括未经许可开动、关停、移动机器；开动、关停机器时未给信号；开关未锁紧，造成意外转动、通电或泄漏等；忘记关闭设备；忽视警告标志、警告信号；操作错误（指按钮、阀门、扳手、把柄等的操作）；奔跑作业；供料或送料速度过快；机械超速运转；违章驾驶机动车；酒后作业；客货混载；冲压机作业时，手伸进冲压模；工件紧固不牢；用压缩空气吹铁屑等。

（2）引起安全装置失效。主要包括违规拆除安全装置；安全装置堵塞，失去了应有的作用；错误调整造成安全装置失效等。

（3）使用不安全设备。主要包括员工临时使用没有加固的设施；使用无安全装置的设备等。

（4）用手代替工具操作。主要包括用手代替手动工具；用手清除切屑；不用夹具固定、用手拿工件进行机加工等。

（5）物料存放不当。主要是对成品、半成品、相关材料、工具等存放不得当、不规范。

（6）冒险进入危险场所。这里所说的冒险主要指一些特殊环境作业的一种不安全行为，包括冒险进入涵洞、高空、地下等场所。如员工在采伐、集材、运材、装车时，没有脱离危险区；员工未经安全监察人员允许进入油罐或瓶中；未"敲帮问顶"便开始草率地作业；冒进信号；员工在调车场超速上下车；易燃易爆场所存在明火；员工私自搭乘矿车；员工在车道行走且未及时观望等。

（7）攀、坐不安全位置（如平台护栏、汽车挡板、吊车吊钩等）。

（8）在起重物品的下方作业或者停留。

（9）机器运转时进行加油、修理、检查、调整、焊接、清扫等工作。

（10）员工在生产过程中，有分散注意力行为。

（11）忽视防护用品的规范使用。具体包括未按作业环境要求佩戴护目镜或面罩；员工作业时未戴防护手套、未穿安全防护服；未戴安全帽；未佩戴呼吸护具；未佩戴安全带等情况。

（12）不安全装束。主要指员工在相对危险的工作岗位或环境中，尤其是在带有旋转部件或设备旁边穿太肥大服装；操纵带有旋转零部件的设备时戴手套。

（13）对易燃、易爆等危险物品处理方面，不严格执行处理规范，错误操作。

 ## 5. 全面清除物的不安全状态

物的不安全状态主要指能导致事故发生的条件，包括设备或环境方面存在的不安全因素。在企业生产活动中，人和物是两种最主要的主导因素。其中在生产的各个环节和步骤中，各类物料、机械、工具、产品等，存在于生产全过程中。企业除了要注意人的行为安全外，对于物的安全也应放在同等重要的位置。因为一旦出现物的不安全行为，将会影响到生产过程的流畅、安全和有序，有可能引发安全事故。

☆☆☆☆☆☆☆☆☆☆☆☆☆☆☆☆☆☆☆☆☆☆☆☆

2017年7月8日上午，某市住宅建筑工程高压消防泵房工地内，施工人员正在从事地沟管道切割焊接作业。工人在使用氧气瓶时，发现瓶阀有漏气现象，工人袁某用扳手扣紧阀门后又开始工作。上午11时许，袁某用扳手关闭氧气瓶阀时，气瓶突然爆炸。袁某当场被炸身亡，另有现场3名施工人员被炸伤。

☆☆☆☆☆☆☆☆☆☆☆☆☆☆☆☆☆☆☆☆☆☆☆☆

在后期事故原因分析时发现，造成气瓶爆炸的直接原因是充装氧气的气瓶内含有乙醇，氧和乙醇的混合比例超过了爆炸极限范围，引发了混合气发生爆炸。这起安全事故是由于物的不安全状态引起的。在安全生产领域，还有很多类似由物的不安全状态引起的安全事故。

安全生产是每个企业的追求目标，物的不安全状态有着诸多危险因素。所以，我们需要掌握了解物的不安全状态有哪些种类和表现，以便于有效识别、精准排除。一般来讲，物的不安全状态包括以下几类。

（1）防护、保险、信号等装置缺乏或有缺陷。主要包括无防护和防护不当两类。其中无防护包括设备无防护罩、无安全保险装置、无报警装置、无安全标志、无护栏或护栏损坏、电气未接地或绝缘不良、风扇噪声大、在危险场所内作业、未安装防止机械失速装置等。防护不当主要包括防护罩未安装在正确位置、防护装置调整不恰当、坑道隧道开凿支撑力度不够、防爆装置不完善、采伐作业安全距离不够、放炮作业隐蔽场所有缺陷、电气装置带电部分出现老化风化或裸露现场等。

（2）设备、设施、工具、附件有缺陷。主要包括设备设施设计不合理、有缺陷，如通道门遮挡员工视线；制动装置安装设计有缺陷；安全距离不达标；拦车网密度强度不够；相关工件有毛刺；设备存在锋利倒棱；部分机械工具强度不够、绝缘不好；起吊重物的绳索规格不达标；机械设备在故障下运行、超负荷运行，以及设备维修保养不及时等。

（3）员工个人防护用具数量不足、质量不达标。

（4）作业环境不良。如作业现场光照不足、通风不良、作业场所狭窄、作业场所物料工具杂乱无序、交通线路配置有安全隐患、操作工序不安全、地面湿滑、环境温度湿度异常等。

（5）设备设施存在隐患。机械设备运转部位没有防护罩；手动砂轮机没有防护罩；栏杆高度不足或强度不够；梯子角度过大或过小；起重设备限位失灵；绳索磨损严重；沟、坑、洞等部位缺少栏杆或盖板；转动的轴头缺少轴套；安全防护器具处于非正常状态或检查不够；绝缘工具破损；灭火器不能正常使用；自动灭火报警系统不能正常运行；抽排烟和除尘装置不能正常运转；作业地面不平整；轨道尽头缺少阻车装置；电气装置缺少接地或接零；环境温度湿度不适宜设备运行；防护罩根基不牢；物料存放无秩序；煤气水封缺水；输送易燃易爆气体或液体的管道没有接地；两节管道间没有搭接；地面有油或其他液体；地面有冰雪覆盖或其他易滑物；电线电缆外皮破损；高温物品距离操作人员过近；旋转或转动的设备没有画出警戒线；作业场所有毒有害物质超标；操作台或操作开关没有明显标识、脚手架等铺设的跳板没有固定、防护、保险、信号等装置缺乏或有缺陷；设备无安全保险装置、报警装置、安全标志；作业环境无护栏或护栏损坏；安全鞋等缺少或有缺陷；作业场地烟雾尘弥漫视物不清；消防通道宽度不够或其他车辆堵塞消防通道；在必须使用安全电压的地方使用常压电等。

在企业生产过程中，随时随地都需要克服物的不安全状态，如果发现不及时、处置不得当，就很容易引发事故。

在生产过程中，物的不安全状态可能存在于生产经营的每个部门、每个班组、每个岗位和每名员工身边，一旦我们发现了物的不安全状态，千万不可粗心大意，更不能置之不理。要在熟悉掌握各类物的不安全状态分别有怎样的表现形式的基础上，根据作业现场情况，准确发现和排除物的不安全状态，只有这样，才能有效防范和化解因物的不安全状态引发的各类安全事故。

6. 标准化作业，规范操作才安全

标准化作业，就是基于在作业系统调查分析的前提下，将现行作业方法的各个操作程序和动作进行分解，以科学技术、制度规定和实践经验为依据，以保证安全、提高质量效益为目标，改善作业过程，形成一种优化作业程序，逐步实现安全、准确、高效、省力的作业目标。作业标准化包括生产节拍、作业顺序和标准手持三个要素。

企业实行标准化作业，能够有效规范作业操作程序、防范化解作业安全风险、规范员工作业行为。同时，标准化作业也体现了一个企业的管理科学化水平，推行标准化作业，能够优化生产流程，提高产品生产的质量、水平和效益，从而达到企业生产高效、省力、安全的预期目标。

☆☆☆☆☆☆☆☆☆☆☆☆☆☆☆☆☆☆☆☆☆☆

2014年4月25日，某煤矿发生一起重大瓦斯爆炸事故。当日，在井下作业的41名员工，除了距离井口较近的4名员工脱险外，其余37名员工全部不幸遇难。后来国家有关部委和当地有关部门组成联合调查组，认定这是一起不执行标准化作业引发的重大安全事故。

在调查过程中发现，事故发生前2小时内，矿井安全监测装置曾8次发出瓦斯浓度超标警告，尽管如此，仍然没有引起相关管理人员和员工的注意和重视，井下41名工人仍在继续作业。最终导致瓦斯浓度和压力超过临界点，发生爆炸事故，发生重大人员伤亡。

☆☆☆☆☆☆☆☆☆☆☆☆☆☆☆☆☆☆☆☆☆☆

该煤矿瓦斯爆炸事故，充分反映出在特殊危险工作环境中不执行标准化作业、违章操作，具有极大的危害性。在安全生产领域，不仅是特殊工作环境中需要标准化作业，在其他岗位和工作环境中，也应同样重视推行标准化作业。

标准化作业的过程是在标准时间内，由一名或多名员工担当的一系列多种作业的标准化过程。让员工按照标准去安全作业、安全生产，要做到以下几点。

（1）树牢遵守标准意识。员工树立遵守标准的意识，主要途径是参加生产标准化培训，只有更多的员工从内心真正树立起标准化的意识，才能使整个企业逐步形成人人遵守标准、人人执行标准的良好风气。

☆☆☆☆☆☆☆☆☆☆☆☆☆☆☆☆☆☆☆☆☆☆☆☆

某企业推行了一年多的标准化，却并不成功，最终该企业高薪聘请了一个很有能力的经理许某作为企业高层。许某来到企业后，抓紧开展调研，熟悉情况，然后结合企业实际制定了一系列标准化措施。措施出台后，最开始很多员工不习惯，觉得别扭。但经过一年多的坚持和实践，员工们逐步认同并接受了这些标准化措施。但是，许某的任期已经结束，就离开了该企业，企业董事长一时难以找到合适的人接替许某，只好自己来负责这件事情。可惜的是，董事长没有再继续坚持原来的标准化制度，导致整个企业开始慢慢走下坡路，结果到最后矛盾凸显，企业不得不破产清算。

☆☆☆☆☆☆☆☆☆☆☆☆☆☆☆☆☆☆☆☆☆☆☆☆

制定标准化制度并约束引导员工认真执行，关系到企业的兴衰成败，该案例中，如果企业董事长能够继续坚持执行好许某制定的标准化制度，就不至于会让企业走向衰败。

（2）要深入理解标准化的意义。标准化作业体现在生产经营活动中，突出表现为不良、浪费和交货延迟等情况都为零。一个企业要想发展壮大，从领导到普通员工，都需要深刻理解标准化作业的重要意义，提高思想上的认识。

（3）班组长要现场指导跟踪确认。员工规范执行作业标准化，除了靠个人自觉外，还需要班组长经常深入现场督导、检查、提点。在生产中，要重点看看员工是否真的学习掌握了作业标准化要求，是否能够习惯，以及是否能够长期坚持。

（4）加强宣传。员工自觉执行作业标准化，需要听觉和视觉上的持续影响。因此，应该通过展板、电子屏、标语、警示牌等载体形式，每天去听和看作业标准化的具体要求，在每天耳濡目染中增强主动意识。

企业严格执行标准化作业是提高生产效率、实现生产安全的基础性工作，也是保证员工生命健康安全的重要支撑。这需要企业借助作业标准化制度来作为基础保障，当然更需要我们严格执行这些作业标准，否则，作业标准再完善，也只是"水中花"和"镜中月"。

7. 持证上岗，不懂不会不逞强

员工持证上岗是规范安全生产行为的基本要求和重要保障。企业实行持证上岗制度是对专业技术人员实行规范管理的重要制度。

企业认真实行持证上岗制度，有重要的意义和作用。一方面，持证上岗制度是提高员工素质、加强专业人才队伍建设的需要。上岗证需要通过统一规范的培训和考试才能取得，在取得这些资质的过程中，员工会通过认真学习，熟练掌握专业技术知识和技能，所以，能够取得上岗证的员工一般是知识能力相对较强的员工。另一方面，持证上岗制度是加强人力人才资源管理的需要。

☆☆☆☆☆☆☆☆☆☆☆☆☆☆☆☆☆☆☆☆☆☆☆☆☆

2015 年 6 月 8 日凌晨 0 时许，某住宅小区 14 号楼一单元 301 室住户发生火情，堆积在室内和阳台上的大量衣物家具被引燃。在扑救过程中，由于小区物业管理消防值班室工作人员不熟悉消防水栓和高压水泵操作要领，也没有及时到负一层启动高压水泵，贻误了火情救援处置，导致该住户产生20余万元的直接经济损失。事故发生后，经调查发现，该物业值班人员属于无证上岗，对消防设备操作不熟练，应急处理能力不足。调查清楚后，当地派出所依法对该小区物业经理王某和值班人员分别处以行政拘留10日的处罚。

☆☆☆☆☆☆☆☆☆☆☆☆☆☆☆☆☆☆☆☆☆☆

如果一些专业技术岗位的员工没有上岗资质，在面临突发状况和安全事故时，很容易因为知识缺乏和技能不熟练而延误处置时机，进而导致事态进一步恶化。因此，在安全生产领域，生产经营单位必须根据岗位工作需要，严格执行员工持证上岗制度。

对于特种作业人员来说，持证上岗是保证自身安全的"通行证"和"护身符"，也是保证企业安全生产、规范管理的重要措施。我国有关法规明确规定，特种作业人员必须经过专门的安全作业培训，取得特种作业操作证书后才能上岗。国家规定特种作业人员具备的条件主要包括：年满18周岁，身体健康、无妨碍从事相应工种作业的疾病和生理缺陷，具有初中以上文化程度，具备相应工程的安全技术知识，参加国家规定的安全技术理论和实际操作考核并成绩合格。同时还要符合相应工种作业特点需要的其他条件。

特种作业人员相对于其他行业人员，受到重大危害的概率更大。需要持证上岗的特种人员工种范围主要包括以下几类。

（1）电工作业。包括变电、送电、发电、配电工，电气设备的安装、运行、检修（维修）、试验工，矿山井下电钳工等。

（2）登高架设作业。含2米以上登高架设、拆除、维修工，高层建（构）物表面清洗工等。

（3）金属焊接、切割作业。含焊接工，切割工等。

（4）企业内机动车辆驾驶。含在企业内码头、货场等生产作业区域和施工现场行驶的各类机动车辆的驾驶人员。

（5）起重机械（含电梯）作业。含起重机械司机、司索工、信号指挥工、安装与维修工等。

（6）爆破作业。含地面工程爆破、井下爆破工等。

（7）压力容器作业。含压力容器罐装工、检验工、运输押运工，大型空气压缩机操作工等。

（8）制冷作业。含制冷设备安装工、操作工、维修工等。

（9）锅炉作业（含水质化验）。含承压锅炉的操作工、锅炉水质化验工等。

（10）矿山提升运输作业。含提升机操作工，（上、下山）绞车操作工，固定胶带输送机操作工、信号工、拥罐（把钩）工等。

（11）矿山排水作业。含矿井主排水泵工、尾矿坝作业工等。

（12）矿山安全检查作业。含安全检查工、瓦斯检验工、电器设备防爆检查工等。

（13）矿山救护作业。含矿山事故现场救灾工、现场事故处理作业工等。

（14）采掘（剥）作业。含采煤机司机、掘进机司机、耙岩机司机、凿岩机司机等。

（15）矿山通风作业。含主扇风机操作工、瓦斯抽放工、通风安全监测工、测风测尘工等。

（16）危险物品作业。含危险化学品、民用爆炸品、放射性物品的操作工，运输押运工，储存保管员等。

（17）经国家安全生产监督管理局批准的其他作业。

根据《特种作业人员安全技术培训考核管理规定（2015 修正）》第二十一条规定："特种作业操作证每 3 年复审 1 次。特种作业人员在特种作业操作证有效期内，连续从事本工种 10 年以上，严格遵守有关安全生产法律法规的，经原考核发证机关或者从业所在地考核发证机关同意，特种作业操作证的复审时间可以延长至 6 年 1 次。"

严格执行持证上岗制度是保证安全生产和人身安全的重要基础性工作。在安全生产领域，每年都有因无证上岗引发的各类安全事故，每起事故都让人痛心。各级各类企业和行业监管部门，都要高度重视持证上岗工作，以高压态势全面加强专业技术岗位人员持证上岗工作，严厉打击特种作业未持证上岗、假证上岗、伪造证件等违法行为，共同为企业安全生产和员工生命安全保驾护航。

严禁违章指挥，保持高度责任心

       企业管理人员往往是生产活动的"定盘星"，也是广大员工的"主心骨"。一名优秀的管理者，往往具有高度的责任心、丰富的知识结构、较高的管理能力和较强的专业技术水平，他在指挥员工作业时，能够以法规为准绳、以制度为遵循，认真细致、规范严谨地做好指挥工作。而一些素质低、能力差、责任心不强的管理人员，则容易发生违章指挥行为，成为安全生产中的"刽子手"。

1. 违章指挥后果严重

违章指挥是指企业领导或是生产作业指挥人员违反国家法律法规、规章制度、企业安全管理制度或操作规程进行作业的行为。违章指挥危害很大，造成影响和损害的程度也较为严重，且具有一定的隐蔽性和不可抗拒性。

在企业生产过程中，员工作业需要管理人员进行正确指挥，这是保证生产活动安全、有序的重要保证。企业管理人员的指挥活动，应当严格按照国家安全生产法律法规和生产操作管理规范进行。如果无视法度规矩，胡乱指挥、违章指挥，产生的后果往往是可怕的群死群伤事故。

☆☆☆☆☆☆☆☆☆☆☆☆☆☆☆☆☆☆☆☆☆☆

2019 年 4 月 13 日，某起重机公司发生一起物体打击事故，造成 6 人死亡，直接经济损失约 450 万元。该公司计划在铆焊车间南侧搭建喷漆房，将 6 根立柱运到施工现场开展除锈作业。当日下午 3 时许，该公司副总经理吴某安排起重机操作人员曹某、司索作业人员杨某，将除锈后的 6 根立柱吊至基槽内，当时未采取任何安全防护措施。起重机械作业人员未按规定确认起吊载荷质心，起升系挂位置不合适。在未采取任何防止载荷与其他障碍物刮碰措施的情况下，副总经理吴某下令起吊，导致其他 6 根立柱接连倾倒，砸中 6 名现场作业人员，均不治身亡。

☆☆☆☆☆☆☆☆☆☆☆☆☆☆☆☆☆☆☆☆☆☆

通过分析发现，引发事故的主要起因是副总经理吴某违章指挥，作业人员在未采取任何防范措施的情况下盲目起吊，同时，现场作业人员在起吊立柱时，没有按规定撤离作业现场。我们常说：违章操作等于自杀，违章指挥等于杀人！这起事故中6名作业人员，都因违章指挥而失去生命，6个家庭失去了亲人。

违章指挥概念不难理解，主要是指生产经营单位相关管理人员违反安全生产法律法规和有关安全制度规定、规程的不当指挥行为。相比员工的违章作业，管理人员的违章指挥往往危害更大，因为指挥人员操纵指挥的往往是一个班组或者一个更大的团队，这种执行一般是从众性的违章，其危害性更大。

杜绝员工因受违章指挥影响违章作业，需要企业全体从业人员深入了解违章指挥的具体表现，认真反思对照，尽力避免出现违章指挥和违章作业。概括讲，违章指挥一般包括以下15种表现。

（1）强行安排任务。在有事故隐患、安全防护装置缺少或失灵的情况下，管理人员强行安排生产任务，或者管理人员明知有事故风险，仍强令工人冒险作业等。

（2）安全措施不当。在生产过程中，一些多工种、多层次同时作业，现场无人指挥和监护，也未制定安全措施；或者安全措施制定没有基于本企业的生产实际，定位不准确、不严密，针对性不强等。

（3）用人不当。管理人员在分配工作时，程序不适当，用人不当，盲目指派身体健康状况或者其他方面不适应本工种要求的员工上岗操作等。

（4）任务交底不准确。管理人员在安排生产任务和技术任务交底时，未能执行安全指令和安全措施交底，或者交底工作不认真等。

（5）审签过程不认真。管理人员审核签批安全作业票流于形式，态度敷衍，或者管理人员在作业现场发现职工违章作业时未及时制止和纠正等。

（6）统筹安排不到位。管理人员在制订检修计划过程中，未同时制订安全措施和检修方案；安排检修任务时，安全防范措施有漏洞；在机电设备检修的同时，未把安全防护保险装置项目纳入检修计划等。

（7）隐患整改不及时。管理人员对已经发现的事故隐患，未严格按照"方案、资金、人员、责任、时限"的"五落实"原则及时进行整改，也未制订科学严密的整改规划等。

（8）盲目加快工期。管理人员缺乏整体安全意识，过多注重工作效率，为了赶工期、赶进度、赶产量，在员工无安全生产保障措施情况下，安排员工超负荷工作，赶工期、抢时间、拼设备等。

（9）劳动纪律涣散。企业内部劳动纪律松弛，生产管理混乱；工作现场环境脏乱无序，人员视而不见、听之任之，不积极治理，影响安全生产等。

（10）项目建设流程不规范。对于新建、改建、扩建、挖潜等类别的革新项目，审批手续执不严格或未履行相关审核手续。在生产环节不按有关规定要求设计施工，随意变更生产流程和生产工艺。同时还有在项目尚未竣工验收前，就擅自决定投入使用等。

（11）设备管理不规范。未按照技术标准和规定程序安装设备；对在检查中发现的设备问题尚未解决前就擅自投入使用等。

（12）对员工教育不系统。管理人员不按安全教育规定对企业全体从业人员进行教育；未对从事特种作业的工人开展专业培训和考核发证；在采用新工艺、新技术、新设备、新材料生产时，操作者未经学习教育；不对员工进行安全教育等。

（13）文件办理不合规范。不按文件管理有关要求及时批转、传达贯彻上级有关安全生产方面的法律法规、制度规定等，或借故拖延、积压、拒不执行相关文件等。

（14）违规启用关停设施。有时候企业发生安全问题，安全监察等相关部门明确要求某些场所或点位暂不得使用，在未消除隐患之前，就私自安排冒险启用等。

（15）不能做到举一反三。有时候，企业发生工伤事故后，管理人员总结反思力度不够，后期防范措施落实不到位，继续命令员工冒险作业等。

违章指挥危害很大、影响很消极，且容易引发群死群伤的重大伤亡事故。远离安全事故是企业和员工的共同愿景，对于管理者而言，则需要自觉杜绝违章指挥，要严格照章指挥，正确指挥，保证现场安全，保护作业安全。同时对于员工而言，有权利拒绝违章操作。

 ## 2. 违章指挥是"杀人"，不当事故制造者

在安全生产领域有种说法："违章指挥等于杀人。"有些企业管理人员在指挥生产活动时，习惯于简单处理，该交代的项目不交代清楚，该执行的监护不执行到位，而是按照不良的习惯进行盲目指挥，这种行为势必会造成不堪设想的后果。作为一个现场指挥者，要明白自己肩上的担子有多重、自己的责任有多大。

☆☆☆☆☆☆☆☆☆☆☆☆☆☆☆☆☆☆☆☆☆☆☆☆☆

2014 年 10 月 14 日，某煤矿发生一起因违章指挥引发的安全事故，导致 3 名矿工当场死亡。事发地点位于该煤矿三采区，该采区早在两年前因事故频发，而被当地安全生产监管部门确定为危险区域，但该采区

储煤量比较丰富，因此，矿长强行命令当天上班的 11 名矿工必须去三采区采煤。接到命令后，矿工何某向矿长反映，三采区之前经常发生安全事故，已经被定为危险区域。矿长却说："都过去两年了，早就没事了。如果你们不服从指挥，就扣发你们两个月的工资！"这些矿工都指望工资养家糊口，一听这话，只好硬着头皮进入了三采区。结果，一小时后，三采区发生了塌方事故，3 名矿工当场死亡，其余 8 名矿工不同程度受伤。

☆☆☆☆☆☆☆☆☆☆☆☆☆☆☆☆☆☆☆☆☆☆

这起案例就是典型的违章指挥产生的恶果。矿长明知三采区属于危险区域，仍然强令矿工到该采区作业，这是置矿工生命于不顾的极不负责的做法。更为恶劣的是当有矿工提出异议时，他竟然又以扣发工资相威胁，这无疑更促成了矿工被动进行集体违章作业，产生安全事故就成为一种必然。

违章指挥等同于杀人，这句话绝不危言耸听，而是通过现实中发生的一起起因违章指挥引发的安全事故总结出来的。如何让那些违章指挥的管理人员不再漠视安全生产管理制度，不再让员工生命受到威胁，需要通过从严教育、从严管理、从严培训、从严检查、从严处罚五方面入手。

（1）从严教育，增强管理人员的安全意识。人的思想意识往往会决定他们的行为习惯。在安全生产领域，作为一名管理指挥人员，要想做到规范指挥，远离违章指挥，需要他们具备足够强的安全意识。这就需要企业建立健全安全意识教育培训机制，对管理人员和全体员工定期不定期开展教育引导，促使从业人员有效增强安全意识。

（2）从严管理，增强管理人员的规矩意识。俗话说得好："没有规矩，不成方圆。"安全生产中的作业指挥工作非常重要和关键，如果管理人员的指挥行为随意、随性和无序，将是非常危险和可怕的。因此，企业需要针对管理人员的指挥情况，加强对他们的行为进行规范性约束和管理，引导他们严格按照相关制度规定进行正确、规范的指挥。

（3）从严培训，提升管理人员的安全能力。企业在对管理人员开展安全意识方面培训的同时，还要注重实战能力的培训。要制订科学可行的安全生产知识技能培训计划，根据管理人员的岗位实际需求，开展相应的知识技能培训活动，确保相关人员具备较强的专业技能后，再开展指挥作业。

☆☆☆☆☆☆☆☆☆☆☆☆☆☆☆☆☆☆☆☆☆☆☆

2019 年 8 月，某商砼生产企业开展了为期 15 天的管理人员业务培训。该企业共有 4 个关键部门和 7 类作业岗位。之前，企业的部分管理人员在进行作业指挥时，存在知识储备不足、专业技能不高而产生的违章指挥行为，导致该企业发生过 4 起安全事故，3 名员工伤亡，给企业的财产和声誉带来很大损失。该企业负责人痛定思痛，决定找准症结后，全力整改。在总结经验教训的基础上，自 2019 年 8 月初开始，该企业邀请了 3 名安全生产专家来企业开展了 3 期专题培训，重点针对企业管理人员，分批次、分专题进行了培训。通过培训，全面提升了企业管理人员的安全知识技能水平。培训结束后，该企业再没发生违章指挥行为，也未再发生各类工伤事故。

☆☆☆☆☆☆第八章 严禁违章指挥，保持高度责任心☆☆

该企业在管理人员安全教育培训方面的实践，产生了良好的效果，有效杜绝了以往有些管理人员因自身能力素质不高而产生的违章指挥行为，从而保障了员工的生命健康安全。

（4）从严检查，提高管理人员的履职水平。企业要经常对管理人员的指挥行为进行监督检查，这方面的工作同时也是行业监管部门的职责所在。在生产过程中，要建立企业为主、部门配合、齐抓共管的工作格局，共同加强对企业管理人员指挥行为的监督检查，发现问题立即指出并责令整改。

（5）从严处罚，提高管理人员的思想警惕。企业和相关部门在对管理人员进行监督管理的同时，还要通过建立健全奖惩制度的监督举报制度等渠道，加强对指挥行为的考核奖惩。对指挥规范、履职得力的管理人员进行表彰奖励，对反面典型进行严厉处罚。

上下齐心，共同抵制违章行为，违章指挥事故才有可能避免。作为现场指挥者，首先要提高自身的安全意识，养成良好安全习惯，能虚心接受别的意见和建议，也敢于及时纠正自己的违章指挥行为，这样才能保护自身安全，也能保护其他员工的安全。

 ## 3. 在其岗就要负其责，保证安全才能做好指挥

在安全生产中，作业指挥工作起着举足轻重的作用，安全指挥也是一门学问和艺术，需要相关从业人员具备很强的安全意识和安全能力，同时要具有足够的责任心和上进心。因为只有作业指挥人员的思想境界、业务能力和工作态度都达到相当高的水平，才能保证不出现违章指挥行为。"在其位，谋其政。"说的是每一个人在自己的工作岗位上都要兢兢业业、刻苦勤勉，认真履行好自己的职责。在安全生产领域，也同样需要遵循这条原则。既然自己是一名指挥者，有开展作业指挥的职责和义务，那么，就需要切实做到在其位负其责，全力保证安全，只有

这样，才能做好指挥，远离违章。

☆☆☆☆☆☆☆☆☆☆☆☆☆☆☆☆☆☆☆☆☆☆

2018年5月，某建筑公司承包了某单位住宅小区建设工程，该公司将工程发包给本公司员工花某。施工过程中，花某委托别人借用公司的吊车吊运塔吊，将其运到工地。5月17日下午，相关工作开始组装塔身。到傍晚6时许，吊车驾驶员王某要求下班，但花某不同意，让大家加班加点继续组装塔吊。晚7时30分，有员工发现塔吊的塔身被首尾倒装，致使无法与塔基对接。经安装人员建议，花某又叫来7名农民工，通过钢丝悬挂、人力拉动的方法，试图移动塔身。作业过程中，因为工人配合不协调，用力不均匀，失去了平稳，使塔身突然发生倒塌，造成2人死亡，4人重伤。

☆☆☆☆☆☆☆☆☆☆☆☆☆☆☆☆☆☆☆☆☆☆☆

大型吊运机械吊装重物，属于危险作业。从现场指挥到隐患排查，以及作业流程，每个环节和步骤都必须严格规范。花某在本该下班的时间，仍然违规指挥工人继续施工安装塔吊，让工人疲劳作业。在发现塔身首尾倒装无法与塔基对接后，又违章指挥无资质人员进行错误操作，最终引发此次事故。这是一起管理人员违章指挥、从业人员违章操作导致的生产安全事故。

在具体工作中，一名指挥人员要想做到在其位尽其责，全力保证安全并做好指挥，需要通过以下几方面持续努力。

（1）上岗指挥前做好充分准备。上岗指挥之前，必须带好指挥旗、口哨、对讲机等指挥工具。因为这些指挥工具是员工作业时的"令牌"和"旗帜"，指挥人员在指挥现场，通过这些醒目的指挥工具的指引，才能按照信号和指令进行规范作业。

☆☆☆☆☆☆☆☆☆☆☆☆☆☆☆☆☆☆☆

2000年5月19日，某采石场发生一起安全事故。当日下午4时30分，在矿区第二采石场，指挥人员商某开展指挥作业。那天上岗前，商某忘记带指挥旗和指挥哨，只拿了对讲机。当作业现场20名矿工正在第二采石场进行作业时，商某突然发现在他背后的山坡上面出现了一道明显的裂缝。他发现情况后，立即告知身边的4名矿工，赶紧离开作业现场，同时，准备通过对讲机通知远处的其他矿工。第二采石场面积非常大，方圆达到2平方公里。商某的对讲机偏偏在关键时候没电了，而他手头又没有指挥旗和口哨。在作业现场，他和另外4名矿工拼命大喊，让远处的矿工赶紧离开作业现场。但距离太远，对方根本听不到。结果，有裂缝的山体突然出现严重滑坡，导致作业现场3名员工来不及逃生而被埋在下面，经过全力救援和医治，被埋的3名矿工仍不幸遇难。

☆☆☆☆☆☆☆☆☆☆☆☆☆☆☆☆☆☆☆

商某因为自己的疏忽，责任心不强，未携带必要的指挥工具而违章指挥，在发生突发情况时，因为缺乏明显的指挥工具，没能让现场的全部矿工安全撤离，没有尽到自己的职责，事后这位指挥人员受到严厉的惩罚，他也痛心疾首，追悔莫及，但是已经晚了，3个生命已经逝去。

（2）上岗指挥时要注意规范指挥。现场指挥时，要集中注意力，不得与他人闲谈，不能在作业现场吸烟、吃东西，指挥手势要清楚，声音要响亮，要保证让现场作业人员时刻集中精力，接收到清楚明确而且正确的作业指令。

（3）上岗指挥要保证自身安全。指挥人员在露天作业现场指挥时，自己站立的位置要在责任作业车辆司机的视线内，严禁指挥人员身处危险位置。在必要的作业场合，指挥人员要规范佩戴安全带、安全帽以及其他防护用品，避免自身受到伤害。

　　（4）指挥人员要做到"五注意"。在作业场所，指挥人员要根据作业现场环境情况，注意随时观察作业环境；注意相关机械或货物的特点；注意现场作业人员的安全状况；注意各岗位人员工作配合默契情况；注意车辆、机械和相关工具使用是否得当。

　　在很多作业现场，指挥人员往往是整个作业的"旗帜"和"标杆"。指挥人员在自己的工作岗位上，要积极履行好自己的岗位职责，通过各种规范措施来保证自身的安全，在此基础上，时刻关注作业现场员工的安全状况。一旦发现有显性或隐性的安全事故隐患时，要及时采取果断措施改变指挥战略和方向，全面化解消除危险因素后，再有序指挥好员工的作业行为。

 ## 4. 及时纠正违章指挥，杜绝发生违章指挥事故

　　违章指挥是安全生产活动中的"毒瘤"和"顽疾"，在"三违"行为中，危害最大的就是违章指挥，如果不及时消除，就难免会引发各类安全事故。企业要想杜绝发生违章指挥引发的安全事故，需要加强分析和研究，采取有力措施去纠正违章指挥。

　　违章指挥的产生，都与指挥人员自身安全意识不强、安全技能不足有关系。在指挥作业时，这类指挥人员往往不分析员工作业环境中的危险因素而随意、任性地进行违章指挥，往往会导致人身伤亡。

☆○☆○☆○☆○☆○☆○☆○☆○☆○☆○☆○☆○☆○

2017 年 3 月 22 日，某市电力公司第三施工队在市郊开展杆上作业。该施工队共有 6 名员工，本次施工涉及主干线 1.7 公里的 45 根 10 千伏线杆。下午 3 时 20 分，施工人员毕某在 57 号杆上作业。毕某所处的位置正前方水平距离 1.55 米、背向方水平距离 1.48 米、右侧水平距离 1.29 米处，都有带电设备，但在作业过程中，该点位没有采取任何隔离措施。施工队负责人申某明知毕某的工作点位存在危险，但仍然指挥毕某进行作业。毕某对申某说："我周围带电设备离我太近，恐怕会有危险。"但申某说："哪里有那么多危险，你小心点就没事。"毕某只好继续作业。过了约 25 分钟，毕某在站起过程中，由于蹲的时间太长，未站稳让身体失去平衡。毕某下意识地用右手抓到正前方带电的线路，导致触电身亡。

☆○☆○☆○☆○☆○☆○☆○☆○☆○☆○☆○☆○☆

带电作业有严格的技术规范要求，其中包括员工带电作业和自身工作环境附近有带电设备。如果出现指挥人员违章指挥，或者出现员工违章操作，就很容易被"电老虎"伤害到。申某作为指挥人员，在明确毕某处于危险环境中的情况下，仍然强令毕某继续作业，最终导致毕某触电身亡，申某因严重违法受到了严厉惩罚。

指挥人员的指挥行为是否安全规范，直接关系到员工的人身安全和生产安全。在实际生产管理中，指挥人员务必要增强安全意识，学习安全知识，做到规范指挥、安全指挥。

（1）指挥人员要摆正自己的位置。企业指挥人员既是指挥者，又是领导者，他们具有双重身份。他们履行指挥人员的职责，目的在于保障和维护企业安全有序的生产秩序。因此他们的指挥行为必须做到安全和规范，这就要求指挥人员主动将自己置于安全监督之中。正所谓

"当局者迷，旁观者清"。一些指挥人员在进行指挥时，往往不易发现自身的指挥行为是否存在差错和不足，这就需要他们主动接受员工的监督，一旦有员工对自己的指挥行为提出异议或疑问，千万不可置之不理，而应该深入思考，到底是不是自己的指挥行为存在不当之处。只有早发现、早纠正，才不至于继续犯错误。同时，这样做既能预防和制止自己的违章行为，也能让自己在员工中树立起虚怀若谷的良好印象，能够对员工产生良好的表率作用，更有利于整个单位的安全生产。

（2）增强对违章指挥进行处罚的透明度。企业管理决策者和普通员工都是企业生产经营活动中不可或缺的一员，区别只是岗位分工不同而已。因此，企业对管理人员和员工的管理应该一视同仁，不能厚此薄彼，尤其不能根据企业岗位层级不同而进行奖惩时有所侧重。对于产生违章指挥的管理人员，企业和行业监管部门不能"护短"，而应当依规依纪进行严格处罚。在处罚过程中，一定要注重公开、公正、透明。只有这样，才能让相关管理人员"知耻而后勇"，也才能让全体员工深切感受到，企业对安全生产是真正重视的，对全体从业人员的管理约束是严肃而公正的。

（3）敢于向违章指挥说"不"。在管理人员进行作业指挥时，具有一定的威严性。针对这个特点，如果管理人员的指挥行为是正确的、恰当的，就容易让作业人员对指挥人员和指挥行为产生一种敬畏。如果指挥人员属于强硬性的违章指挥，则很容易让员工产生"畏惧"心理，而不是"敬畏"心理。他们会因为忌惮于管理人员的权威，唯恐自己因为"不听话"而受到打压。其实员工这种心态是不对的。《劳动法》第五十六条规定："劳动者在劳动过程中必须严格遵守安全操作规程；劳动者对用人单位管理人员违章指挥、强令冒险作业，有权拒绝执行；对危害生命安全和身体健康的行为，有权提出批评、检举和控告。"因此，员工如果发现指挥人员违章指挥，要敢于说"不"，只有这样，才不会产生从众性违章，才能减少或避免产生安全事故。

（4）自觉接受各方监督约束。一个人行为的规范与否，除了加强自律和制度约束外，还需要依靠各方的监督来实现。在安全生产中，管理人员的指挥行为是否规范科学，同样需要来自各方面的监督。如企业可以通过聘请社会监督员、行风评议员的方式对违章指挥行为进行监督，可以定期邀请人大代表、政协委员、群众代表、职工家属代表组织座谈会，加强对违章指挥行为的分析研究。同时，企业还可以通过公开举报电话、设立意见箱、主动接受新闻舆论监督的方法，来规范管理人员的行为。无论通过哪种监督方式，都需要企业负责人有足够的勇气和魅力，有足够的真诚和坦荡，以"壮士断腕"和勇气和"刮骨疗毒"的决心，借助外界力量，共同拔除违章作业这根"毒草"，促进指挥行为规范、科学和安全。

在生产企业，违章指挥是安全生产领域"三违"中的典型表现之一，相对于违章作业和违反劳动纪律，违章指挥所带来的危害和风险更大。在生产工作中，指挥人员务必要谨慎使用自己的指挥权，要有强烈的安全意识，做到照章指挥、正确指挥，从而保障自己和他人的人身安全以及生产的顺利进行。

 ## 5. 建立监督机制，堵住违章指挥的漏洞

在生产过程中，违章指挥可能存在于各个领域、各个行业和各个企业。指挥人员的指挥行为是否合乎规范和要求，直接影响到整个工作团

队的作业行为是否规范有序。因此，企业要建立监督机制，采取积极措施堵住违章指挥的漏洞。

这就需要企业及监管部门建立健全监督机制，强化对违章指挥行为的监督管理，提高对违章指挥进行处罚的透明度。对企业管理人员违章指挥进行处罚，意义和作用要远远大于对员工违章作业的处罚。同时，还要注重建立监督机制，勇于并敢于对管理人员的违章指挥进行监管和处罚。只有双管齐下，才能防范各类违章行为的发生。

用制度约束规范企业管理人员的违章指挥行为，需要针对违章指挥的不同表现形式来区别对待。

（1）一般违章指挥

①违章派车。主要指安全管理人员不按载货、载人等行驶规定用车。需要通过严格落实交通安全管理规定进行监督约束。

②工作票制度执行不严格。主要指相关工作负责人不随身携带工作票。工作前不宣读工作票、不提问，开工前不向作业组成员交代安全措施。工作内容不清楚、安全责任不落实、安全措施无保障。这类违章指挥需要通过严格落实工作票管理制度来监督约束。

③需要两人以上从事的工作只安排一人单独进行。这类违章指挥行为因无人配合、监护，易引发事故。这方面的违章指挥行为需要严格落实劳动用工制度来监督和约束。

④起重现场的违章指挥。指不按规定进行专人指挥，指挥手势不规范，由此引发作业人员误操作，造成高空坠物等工伤事故。这类违章指挥行为需要通过严格执行起重现场操作规程进行监督和约束。

⑤动火前不进行安全教育。指指挥人员在不了解动火作业相关规定要求的情况下进行违章指挥而引发安全事故。这类违章指挥行为需要通过加强动火作业安全教育培训，并严格执行动火作业管理规定来监督和规范。

⑥违规使用不具备资质的员工。管理人员指派不具备上岗条件或技能差的员工单独顶岗因操作技能不熟练，引发误操作或安全事故产生。这类违章指挥行为需要严格落实特殊岗位用人规定来监督和约束。

⑦强令员工冒险作业。在安全条件不具备的情况下，强令员工冒险作业，致使员工被迫进行作业，进而产生安全事故。这类违章指挥行为需要通过落实安全生产制度规定来监督和约束。

（2）严重违章指挥

①对作业场所危险源辨识不清的违章指挥。指相关企业管理人员缺乏应有的安全知识和技能，无法正确辨识作业现场的危险源，在对风险认识分析不充分的情况下违章指挥，从而引发安全事故。对于这类违章指挥行为，需要通过组织相关管理人员参加安全知识技能培训来提高自身能力水平，防范违章操作。

②安排工人在不具备安全生产条件的情况下冒险作业。这类违章指挥行为非常容易引发设备损坏、人员伤亡、火灾爆炸等事故。这类违章指挥行为需要通过加强安全教育及监督检查来监督和约束。

③在无安全生产保证措施的情况下，为生产任务而安排员工高强度加班加点，或让设备超时间、超负荷运行。这类违章指挥行为也非常容易引发工伤事故或设备故障。这类违章指挥行为需要通过对相关管理人员进行训诫和惩罚的措施进行监督和规范。

④不按有关规定要求设计施工，乱改乱建。比如，在安全防护设施配置不到位、安全防火距离不够、工艺布置不合理等严重安全隐患下随意要求施工或验收。这类违章指挥行为需要利用监督举报机制进行监管和约束。

近年来，有些企业由于缺乏有效的监督制约机制，对企业的发展产生较大负面作用，尤其不利于有效堵住违章指挥的漏洞，容易出现

"灯下黑"的现象。因此，为了全面提高监管效率，企业应当着力建立健全监督机制。

（1）建立巡回检查监督机制。全面、深入的巡回检查，是防范指挥人员出现违章指挥的有效方式。在建立巡回检查监督机制时，要明确检查的范围和对象是全员和全过程。不能只针对一线员工，而让指挥人员游离于检查范围之外。

☆☆☆☆☆☆☆☆☆☆☆☆☆☆☆☆☆☆☆☆☆☆

2014 年之前，某集团公司曾一度出现指挥人员违章指挥现象，公司 15 名指挥人员有半数出现过违章指挥行为。这种现象给企业安全生产带来三年 7 次事故的惨痛教训。后来，企业董事长痛定思痛，于 2014 年 3 月，高薪聘请了管理精英项某出任公司常务副总。项某通过一个多月的深入调研了解，找出了问题根源和症结所在，在他主导下，建立了严格的巡回检查监督机制，重点针对 15 名指挥人员"开刀"，由董事会、中层干部和班组长联合组建"巡检小组"，通过抓培训管理、加强现场巡检、严格奖惩措施等方法，进行大刀阔斧的改革。结果不到一年时间，该公司的顽疾就被一步步拔除干净，公司再没出现过指挥人员违章指挥的行为。

☆☆☆☆☆☆☆☆☆☆☆☆☆☆☆☆☆☆☆☆☆☆☆

制度是用来管人和管事的，企业指挥人员肩负安全生产的重任，他们自身的思想和行为必须要积极、向上、规范。要想实现这个目标，需要通过规范严格的巡回检查监督机制作为保障。如果该公司频频出现指挥人员违章指挥的情况，而且长时间得不到纠正，那么公司的矛盾、问题和事故将会层出不穷。

（2）建立现场纠违奖惩监督机制。我们常说，问题要在一线发现、一线解决。在生产中，指挥人员的指挥行为多在生产一线。企业可以探索组建"现场纠违"小分队或者"纠风办"，组织工作认真负责、敢于较真碰硬的精干人员，重点对指挥人员的指挥行为进行现场纠违。发现问题要立即指出，一视同仁，立查立改或者限期整改。在此基础上，对出现违章指挥的人员，视情形给予严厉的惩罚。

监督制度机制的要义在于严格执行。有了科学严谨的监督机制，关键在于落地见效。企业指挥人员需要在监督机制的约束下，自觉接受各方面的安全监督。

（1）接受具体工作人员的监督。指挥人员要克服特权思想，从思想上真正把自己视作员工利益的维护者和员工安全的捍卫者。这就需要指挥人员要主动接受具体工作人员的监督。具体工作人员是实际作业的执行者，他们对安全生产有直观准确的经验判断，所以他们是监督指挥者行为的最佳人选。指挥人员可充分利用班前会、班后会、现场分析会、座谈会等形式，主动接受具体工作人员的意见建议，对善于和敢于提出真知灼见的工作人员给予褒奖，有效激发工作人员关注安全的热情。

（2）接受上级领导的监督。安全生产工作是实打实的工作，不是面子工程。上级领导来检查工作，也是出于发现问题和解决问题的目的。因此，在上级领导来企业监督检查工作时，指挥人员切不可有抵触心理和躲避行为。要做到领导监督检查在场和不在场一个样，始终做到表里如一，规范指挥。

（3）接受监察人员的监督。相比上级领导监督检查，由有关部门组建的安全监察工作人员，可能更加专业、更加权威，他们往往能够非常冷静、准确地发现指挥人员的指挥行为是否合法合规。企业指挥人员要热情坦诚地欢迎监察人员，主动接受监察人员对自身指挥行为的"检阅"。对于监察人员来说，可以灵活采取定期监察、不定期监察、突出性监察、整改复查等方法，真正把指挥人员的指挥行为检查好、督办好。

违章指挥所带来的后果往往是各类安全事故的发生。所以，各级各类企业和行业监管部门有必要建立监督约束机制，对企业管理人员进行全面监督、规范和约束，有效堵住违章指挥的漏洞，避免发生各类悲剧。

第九章

严格职业纪律，把好安全生产关

　　各行各业尽管工作性质和行业分工不同，却都需要严格的职业纪律。职业纪律不仅是我们的"紧箍咒"，更是我们的"护身符"。对于生产经营单位而言，规章制度、操作规程是基于企业的生产安全而制定的。我们只有时时处处严格遵守职业纪律，才能有效实现"三不伤害"目标，才能有效保证企业的安全生产和发展壮大。

1. 岗位上的一举一动都要以安全为准绳

"安全"遍布于生产经营活动的各方面，无处不在，无时不有。无论工作在哪个领域、哪个行业、哪个岗位的员工，都要时时处处注重自己的一举一动，注重岗位安全。如果稍有放松，就容易失去安全的保障。

企业实现短期安全，靠的往往是运气，实现中期安全要靠制度机制，如果想实现长期安全，则需要每名员工的一举一动都要以安全为准绳。在生产经营活动中，如果我们总想以身试法，比如，在"禁止吸烟"的场所吸烟，在"禁止翻越"的地方攀爬，在"禁止触摸"的地方非要伸手摸一摸，那么，各种风险隐患和事故就会来侵袭我们，甚至会吞噬我们的生命。

☆☆☆☆☆☆☆☆☆☆☆☆☆☆☆☆☆☆☆☆☆☆☆☆☆

2006 年 11 月 12 日，某发电厂发生一起工伤事故。当日下午 3 时许，该发电厂燃料值班员李某在空车线调整空车时，发现空车挂钩钩舌位置偏移严重，需要进行调整。调整过程中，李某使用规格尺寸不符合作业要求的扳手拆卸空车钩舌上的竖固螺丝。因为工具尺寸规格不对，李某在拆卸过程中非常吃力，但因为其他工具存放在远处的工具库房，李某不愿多跑腿，就仍然继续操作。在操作过程中，因为用力过猛，且用力不匀，致使钩舌轴突然脱落。顿时，重达数百公斤的钩舌从钩头上掉落下来，正好砸在李某头上，李某当场死亡。

☆☆☆☆☆☆☆☆☆☆☆☆☆☆☆☆☆☆☆☆☆☆☆☆☆

机械设备的检查和维修有严格的技术、工具和程序要求。在排除机械故障前，必须对机械的安全状况进行全面分析评估，在此基础上，要根据工作需要，采用规格参数符合要求的专业工具。同时，还要充分做好个人防护，不能在重型机械下方作业。李某在调整空车钩舌位置时，没有对作业现场风险情况进行全面分析，未使用合适的专业工具，也违反了禁止在重型机械下方作业和逗留的规定，一系列的岗位不安全行为，引发了人身伤亡的悲剧。如果他注意了岗位安全，使用了恰当的工具，也没有站在钩舌下方作业，这起悲剧就不会上演。

每个人的岗位分工不同，不同层级类别的人员注重规范岗位行为，有着重要的意义和作用。一线作业员工如果能做到凡事以安全为准绳，就能主动自觉地规范自己的行为，远离违章作业，保证自身健康安全；对于企业管理人员而言，能够做到凡事以安全为准绳，则有利于他们深化现场安全管理，经常自觉地到现场走一走、看一看、查一查、谈一谈，全面细致地掌握各生产条线和点位的安全情况，并能深入了解每个员工的思想动态、工作情绪和行为表现，进而能够拉近与员工的距离，让员工产生价值感和归属感，这样也能反作用于员工，引导他们更加认真细致地做好每一件事情。员工一言一行的规范性，体现在以下几方面。

（1）学会识别危险有害因素。生产过程中的危险有害因素可能存在于各个领域和环节，如果员工不掌握安全生产知识，没有足够多的实际操作经验，就很难精准有效地识别这些危险有害因素。针对生产过程制定的操作规程，是在企业实际生产中探索总结出来的，很多不乏血的教训。因此，员工要通过认真学习了解这些操作规程，并自觉运用到生产实践中，才能逐步提高工作技能水平和识别危险有害因素的能力。

（2）及时报告整改安全隐患。在生产实践中，我们经常会遇到各类问题隐患，如电机设备螺栓不全、松动，电线老化裸露内芯，地线接地不到位等，如果员工发现了这些隐患，就要及时向主管人员报告，迅速进行整改，以免延误时机，造成进一步的事故。

（3）勇于发现并制止身边的违章行为。很多情况下，员工的违章行为属于不自觉的习惯性违章，自己往往无法察觉。因此，员工之间要加强互相监督，一旦发现了身边工友出现了违章行为，应当立即指出并制止，切不可有"事不关己，高高挂起"的态度。企业生产是个系统工程，需要团队协作。如果每个员工都对身边的违章行为漠不关心，听之任之，那么，就很不利于员工个人及时发现问题和改正问题，从而造成安全事故。

（4）工作中多想想自己的家庭。每个人都是家庭中的一员，我们的行为安全直接关系到家庭的幸福和谐。如果一名员工视安全于不顾，频频发生违章行为，一旦发生人身伤害事故，受伤害的不仅是个人，更对自己的家庭带来沉重的打击和灾难。因此，要想做到岗位安全，我们在生产过程中，要多想想自己的家人，想想如果一旦自己出现伤害后，会对家庭带来多么可怕的后果和影响。这样，我们就会从内心激发出责任意识，从而自觉维护好自己的岗位安全。

在生产过程中，安全无儿戏，细节当注意。在现实工作中，每个人都必须清醒地认识到，自己一时的疏忽大意和随意操作，都是安全生产的禁忌，都可能给企业和个人带来损失和伤害。只有凡事以安全为准绳，才有可能实现企业的长治久安，才能让每个员工都拥有健康平安的生命。

2. 无规矩不成方圆，纪律不严事故连连

严格的纪律是实现安全生产的保证，一个企业，如果没有严明的安全生产纪律规矩，那么安全就会失去保障和依托，各类事故也会连连发生。

安全生产要靠严明的纪律来保障，纪律体现在员工坚守工作岗位上，体现在遵规守纪上，体现在自觉杜绝"三违"上。

☆☆☆☆☆☆☆☆☆☆☆☆☆☆☆☆☆☆☆☆☆☆☆☆☆☆☆☆

在某服装厂 120 名员工眼中，司某是个"另类"，因为他太老实本分了，直到 2015 年 7 月 13 日，该企业发生了一起群体性违章引发的安全事故，大家才对司某的看法发生了 180 度的大转弯。现年 32 岁的司某，已经在这里工作了 11 个年头，是该服装厂的老员工了。在工友眼中，司某太过刻板，企业的各项纪律规定，他从来都没有半点违反，有时候大家认为无所谓的事情，在司某眼里都是大事。因为司某时时处处都"循规蹈矩"，大家就觉得他太死板，加之，有些员工出现过一些违纪行为，也没产生太大的负面影响，于是就有一些员工有意疏远他。2015 年 7 月 13 日，司某所在的第三车间，在机器运转的情况下，竟然有 4 人出现了脱岗行为。在此期间，有 2 台机器设备因无人值守发生了卡顿现象，导致一部分布料被卷入皮带轮中，造成了设备短路起火。虽然经过大家全力扑救，仍然致使该车间产生经济损失 70 余万元。而司某所在的流水线，因为规范操作而成为全车间唯一一个没出现问题的单元。从这次事故之后，大家对司某的态度迅速转变了，都对他非常尊敬。

☆☆☆☆☆☆☆☆☆☆☆☆☆☆☆☆☆☆☆☆☆☆☆☆☆☆☆☆

不守纪律的违章行为表面上看好像取了巧、省了事，而一旦因违纪违章行为严重到一定程度后，就很容易引发事故。在众多人出现违章行为的情况下，司某仍然坚持自己的原则，严格按照规矩办事，在别人眼中，就成为一个"异类"，而当大家集体性违纪违章而引发事故时，大家才意识到遵守纪律的重要性。这时，再回过头来看多年如一日坚守纪律的司某，才对他产生了由衷的敬意。

在安全生产领域，多数人明白"严是爱，松是害"的道理。企业制定了铁的纪律，每个员工不折不扣地遵守企业纪律，不但是企业持续健康发展的保证，更是对家庭、对自己负责任的表现。现实中，在纪律方面抓得严和实的企业，往往秩序良好、形势稳定，而那些不重视纪律作风建设的企业，往往管理混乱、频发事端。

☆☆☆☆☆☆☆☆☆☆☆☆☆☆☆☆☆☆☆☆☆☆☆

2017年3月11日，某建筑公司在施工时发生一起人员伤亡事故。当日上午11时许，该建筑公司项目部砌砖班组正在某楼盘开展作业。工人罗某使用4号升降机，从13号楼一层运送工具到七层，当工具运至七层卸料平台后，罗某没有按照升降机操作规范操作，不系安全带，在关闭升降机安全门时，突然从七层平台坠落到地面上。现场人员看到情况后，纷纷惊呼，工友们赶紧跑过来，一边拨打120，一边组织救援。最终罗某送医后不治身亡。

☆☆☆☆☆☆☆☆☆☆☆☆☆☆☆☆☆☆☆☆

事故调查组调查分析后发现，4号升降机未按规定锁上吊笼门、电锁开关，工人罗某安全纪律意识淡薄，违反劳动纪律和操作规程，擅自操作4号升降机运送工具，在七层卸料平台关闭升降机安全门时又出现违章操作，从而导致身亡。在深入调查时还发现，该建筑公司升降机安全管理制度不健全，没把升降机钥匙及时配备给操作员罗某，导致罗某在操作升降机时不能锁止。同时，该公司平时也未健全并落实安全生产责任制，从未对安全生产责任落实情况开展过考核。这一系列纪律管理不严格叠加在一起，共同酿成了这起事故。

遵守工作纪律和工作规矩是员工基本要求，是做好工作、保证安全的重要基础。在生产中，之所以有些员工不守纪律，和他们思想重视程度不高、安全意识不强有直接关系。而不重视纪律规定、频繁违反纪律所带来的后果往往都非常严重，因此，员工要在真正提高思想认识程度的基础上，在遵守纪律方面，坚持做到"五个严格"。

（1）严格按照原则办事。每个企业都有基础生产实际而确定的生产经营工作原则，这些原则也是一种纪律。在生产实践中，员工不能把这些原则当作空洞的说教，而要时时处处遵守好工作原则，努力做到该办的认真办，不该办的坚决不办。

（2）严格按照职责办事。每名员工都有自己的本职岗位和工作职责，这些职责是自己分内的工作，应该做好，也必须做好，履行好自己的职责也是遵守纪律的表现。属于自己职责范围内的工作，一定要不等不靠，主动作为，争取做到最好。需要自己配合的工作，要不遗余力地配合好。

（3）严格按照政策办事。对于企业生产经营中所制定的政策规定，要不折不扣地落实好、执行到位。切忌凭感觉、心情、关系办事。一旦违背了企业的政策，就等于违反了工作纪律。

（4）严格按照制度办事。生产中，要自觉敬畏制度、遵守制度、维护制度，从内心深处把规章制度看作对自己的保护，在行动上不打折扣，模范执行。

（5）严格按照规程办事。操作规程是实现生产环节标准化、安全化的重要制度规定，对员工规范操作的指导作用最直接。因此，要根据操作规程要求，破除图省事、走捷径的思维，严谨认真地按照操作规程规范自己的作业行为，避免违规操作带来的事故和伤害。

纪律规定是对员工的规范和约束，更是一种保护。我们要破除遵守纪律就是把自己束缚住了的错误思想，真正认识到纪律规矩的意义所在。从主观上认识到纪律的价值和作用、产生主动安全意识后，就能增强遵守纪律的主动性和自觉性，从而让自己的生产活动在纪律的约束和保护下顺利进行，安全进行。

 ## 3. 健全纪律制度，督导员工遵守

纪律制度是各项工作顺利完成的重要保证。在安全生产领域，纪律制度涵盖生产经营的全领域、全过程和全体人员，如学习纪律、考勤管理纪律、工作纪律、劳动纪律等，这些纪律制度都对生产经营活动有规范约束的作用，同时也对员工人身安全有重要保护作用。健全各项纪律制度并督促员工严格遵守执行，需要注重以下几方面。

（1）建立制度，令行禁止。国有国法，家有家规。企业同样如此，为使企业有一个规范严谨的管理和运行体系，每个企业都应根据国家相关法律法规的规定，结合自身实际，研究制定一套纪律制度，确定好"游戏规则"，让员工严格执行，做到令行禁止。

☆☆☆☆☆☆☆☆☆☆☆☆☆☆☆☆☆☆☆☆☆☆☆

小周是某市某物流公司仓库管理员，从她2013年7月入职第一天起，就深入学习研讨企业的各项安全管理制度，把重点、难点内容分别摘录下来，遇到某些制度条款不清楚的地方，就及时向领导和同事求教。在工作中，小周更是时时处处对照公司的制度规定严格规范自己的行为。仓库管理员的岗位任务烦琐而辛苦，管理制度也比较细致复杂，但是小周每天都会将数百件家用电器卸车、装车、入库、清点、登记、打印验单，并严格按照标准要求理货、做账。在她任仓库管理员的三年中，从未出现过任何差错。

☆☆☆☆☆☆☆☆☆☆☆☆☆☆☆☆☆☆☆☆☆☆

企业纪律是对员工的保护，对于员工规范作业，保证企业安全和人身安全有重要的基础性保障作用。小周作为一名仓库保管员，工作岗位虽然普通，又很辛苦，但她有对岗位的热爱之心，有对纪律规矩的敬畏之心，就随之带来遵规守纪的规范之举。

（2）纪律执行不当"老好人"。企业纪律制度的落实除了员工的自觉遵守外，还需要企业管理人员进行严格的督导约束。在实际生产经营管理中，一些企业的中层管理人员认为自己不是企业主要领导，管理员工底气不足。这种心态体现在具体工作上，就容易出现睁一只眼闭一只眼，宽松管理，当"老好人"的问题。有些企业中层管理者认为下属的行为并不重要，不值得费心费力去管理，这样，会导致管理混乱，甚至会引发不良后果。

☆☆☆☆☆☆☆☆☆☆☆☆☆☆☆☆☆☆☆☆☆

小杜是一家公司的高级技工，非常精明能干，业务能力也很强，但他的缺点也很明显，就是性格比较自由散漫，不喜欢被制度规定所束缚。在公司中，小杜经常违反劳动纪律，如迟到、早退、脱岗等，而企业主管领导和其他领导都爱惜小杜是个人才，对于他的自由散漫就都睁一只眼闭一只眼。2018 年 8 月 11 日，小杜在工作期间，只是简单和主管人员说了一声，就出去办其他事情，临走时，小杜也没安排其他人员替他盯班，导致他的岗位出现了断岗情况。约半小时后，小杜所在的岗位出现了机械故障，因为无人值守，造成了机器短路连电，进而发生了火灾，造成3人重伤，并让企业产生直接经济损失300余万元。

☆☆☆☆☆☆☆☆☆☆☆☆☆☆☆☆☆☆☆☆☆☆☆☆☆☆☆

我们知道"加强纪律性，革命无不胜"的道理。一个人即使再有才能，再有贡献，如果他不遵守劳动纪律，喜欢特立独行、我行我素，就容易影响整个团队的作风状况，还有可能因为自己的"任性"和"随意"而引发事故，甚至会产生重大伤亡事故。很显然，小杜就属于这类人，尽管他很聪明能干，但因为他太自由散漫，漠视劳动纪律，而主管领导又出于爱才而偏袒纵容他，才引发了悲剧。

（3）要拒绝不守纪律的借口和理由。在企业生产经营活动中，总有一些员工会寻找各种各样的借口，想方设法在执行纪律制度中"打折扣"，搞特殊，这是企业员工执行力不强的突出表现。作为企业管理者不能碍于情面勉强答应，更不能为了避免表面的冲突而选择做"老好人"，应该拒绝的也不拒绝。诚然，拒绝员工的无理借口会得罪某些人，但是合理的拒绝就不容易出现"后遗症"。从长远看，合理的拒绝不仅增强了员工的纪律意识，更保障了企业的安全有序发展。

企业纪律制度建设事关企业的生产经营秩序，事关企业安全和员工人身安全。对于企业的纪律制度，员工需要对它产生发自内心的敬畏，在此基础上，真正严格认真地去遵守好这些纪律制度，营造企业安全、稳定、有序的生产经营环境。

 ## 4. 自觉遵守劳动纪律，守纪律才能少事故

生产和生活中因为有了纪律，才有了秩序，各项工作才能顺利安全

地开展。劳动纪律也是一种规矩，是我们工作作风建设的重要内容。劳动纪律能够扭转员工的工作作风，促进规范作业，减少安全事故。所以，劳动纪律是平时员工在生产经营活动中综合素质、精神面貌和人格品质的集中体现。

劳动纪律是企业对员工人身安全的重要制度保障，而不是对员工的束缚。因此，对于员工而言，要正确认识劳动纪律的重要性，清醒认识到遵守劳动纪律是自己的义务，只有严格遵守这样才能保护自身的安全，保障自己的权益，而且能保障员工不侵犯他人的权益。

一条条措辞严厉的纪律规定条款，在有自律观念的员工眼中，是自己的"护身符"，在缺乏自律观念的员工眼中，它们是"紧箍咒"；一台冷冰冰的签到机，在自律者眼中，它是"指挥棒"，在懒散者眼中，就成了"绊脚石"。

企业如何让员工自觉遵守劳动纪律，关键一点就是让员工敬畏劳动纪律，做好自我约束。员工对劳动纪律有了敬畏，就会形成自我约束素养。在生产中，不乏模范遵守劳动纪律而保证时时安全、处处安全的员工，他们靠强烈的纪律观念规范自己的言行，成为安全标兵和能手。

☆☆☆☆☆☆☆☆☆☆☆☆☆☆☆☆☆☆☆☆☆☆☆☆

董某是某水务公司生产运行部班长，任职六年多来，他始终如一，严格遵守劳动纪律，恪尽职守，认真对待工作中的每个细节，担任班长期间，董某连年被评为岗位标兵。在领导和同事眼中，董某是行动的标杆。多年以来，他从未出现过迟到、早退现象，甚至一直都没有请过假。作为生产运行部班长，董某深知自己责任重大，工作中，他严格按照岗位要求做好巡视检查，按照安全操作规程，做好生产运行记录和设备巡检，在污泥脱水、设备操作、卫生责任区打扫等各项工作中，都一丝不苟，坚持做到最好。在遵守劳动纪律方面，董某不仅以身作则，还严格要求班组的 11 名员工也时时处处遵守劳动纪律。整个公司上下，甚至比他年长的同事，都亲切地称呼董某"老大哥"。

☆☆☆☆☆☆☆☆☆☆☆☆☆☆☆☆☆☆☆☆☆☆☆☆☆

一个性格严谨认真的人，往往能够时时处处按照规矩行事，在他们眼中，纪律和规矩是保证安全的重要基础，违反了纪律就会带来各种预想不到的后果。董某多年如一日地遵守劳动纪律，不仅有力保证了自身安全，还影响带动了整个团队自觉遵守劳动纪律，进而实现了企业的安全稳定和有序发展。

员工自觉遵守劳动纪律，树立强烈的自律意识是关键所在。在具体操作层面，需要重点遵守好以下几方面的劳动纪律从而避免或减少事故发生。

（1）严格遵守履约纪律。在生产经营活动中，对于企业生产实际中所制定的劳动合同，企业员工要严格履行好，不仅要履行好劳动合同，还有履行好违约应承担的责任，这是一名企业员工重信守诺的良好体现。

（2）严格遵守考勤纪律。企业的考勤纪律是保证整个团队凝聚力和向心力的重要基础性劳动纪律。在生产活动中，员工要严格按规定的时间、地点到达工作岗位。如果确实有事需要请假时，务必按要求如实客观地请事假、病假、年休假、探亲假等。

（3）严格遵守生产、工作纪律。在生产活动中，员工要严格根据生产、工作岗位职责及规则，并按照操作规程和技术标准要求，按质、按量完成工作任务。同时，在工作期间，要时时处处规范自己的行为，做到不断岗、不顶岗、不睡岗，不做与本职工作无关的其他事情。

（4）严格遵守技术操作规程和安全卫生规程。对于安全防护用品的规范穿戴、危险物品的管理存放和使用、作业环境的工作要求、常见职业病的预防等有关要求，都要逐条逐项抓好执行。

（5）严格遵守日常工作和生活纪律。工作中，要注重节约、反对浪费，爱护劳动工具，节约原材料，爱护用人单位的财产和物品。

（6）严格遵守保密纪律。对于企业的一些商业机密和技术秘密，一定要严格保守，在任何情况下都绝不外泄。

（7）严格遵守奖惩制度。根据企业制定出台的奖惩机制制度，应不折不扣地坚持执行。尤其是当自己的工作出现失误和问题受到相应惩罚时，要主动接受。

（8）严格遵守企业制定出台的与劳动、工作紧密相关的规章制度及其他规则。

有遵章守纪的思想和行为，才有可能最大限度保证人身安全和企业安全。员工遵守纪律，主要依靠自身的内在激励来实现，如果我们对个人安全和企业安全有了自觉需求，就会把这种需求转化为遵守生产纪律的思想动力。思想上重视了，执行有力了，事故就会远离我们。

 ## 5. 严格遵守技术操作规章和安全卫生规程

安全防范工作任何时候都不能松懈，严格遵守技术操作规程和安全卫生规程，是对自己的安全负责，是对别人的安全负责，也是对我们的家人负责。我们员工是安全生产的主力军，只有身体力行地严格按规章要求作业，严格遵守安全卫生规程，才能减少或杜绝事故，确保安全生产。

☆☆☆☆☆☆☆☆☆☆☆☆☆☆☆☆☆☆☆☆☆☆

2007 年 6 月 12 日，某焦化厂发生一起皮带机械伤害事故。当日下午 3 时，该厂备煤车间操作工吴某从操作室进入 2 号皮带输送机进行交接班前的检查清理。3 时 20 分，捅煤工郝某发现 2 号皮带断煤，就到煤斗处进行检查。郝某捅煤后发现 2 号皮带跑偏，试图调整但无效，就沿着皮带走向 2 号皮带输送机尾轮部分。郝某在距离尾轮 4 米左右处，看到一把折断的铁锹，但未见到吴某本人。郝某迅速意识到情况不妙，赶紧向车间主任报告情况，车间主任和有关人员赶到现场后，发现吴某面部朝下躺在尾轮一侧，头部有很多血迹。大家赶紧把吴某送往医院，经抢救无效，吴某身亡。

☆☆☆☆☆☆☆☆☆☆☆☆☆☆☆☆☆☆☆☆☆☆

在事故调查分析中推断，吴某是在清理皮带上的残煤时，铁锹被运行的皮带卷进去，又被皮带甩出来，吴某拿着铁锹未及时松手，被惯性向前推，头部撞到了坚硬物体而受伤致死。在进一步分析案情时发现，该事故的主要原因是吴某违反了技术操作规章，在未停机的情况下违规处理皮带上的残煤，同时，2 号皮带输送机没有安装紧急制动装置，尾轮部也未安装防护栏杆。安全对于每一个人都是头等大事，在众多的事故原因中，人都是第一位的，所以工作中一定要按章办事，时刻记得自己所承担的安全责任，严守操作规程，才能避免事故的发生。

企业从业人员要想保证安全，免受伤害，需要掌握了解遵守技术作业操作规章和安全卫生规程的有关要求。认真对照自身的行为，看看是否符合规定要求。施工现场作业人员，需要遵守以下基本要求。

（1）规范穿戴劳动防护用品。在一些作业环境中，出于安全防护工作需要，在进入施工现场时，应按规定要求，规范穿戴安全帽、工作服、工作鞋等防护用品，正确规范使用安全绳、安全带等安全防护用具和工具。进入施工现场，严禁穿拖鞋、高跟鞋或赤脚。

（2）遵守好相关工作制度。在作业前、作业中和作业后，要遵守岗位责任制、安全操作规程，并严格认真地执行交接班制度。工作期间，要坚守工作岗位，不允许擅自离岗或在作业期间从事与岗位无关的事情。

（3）要接受专业培训教育。很多企业岗位人员需要具备一定的专业能力和资质。因此，企业岗位人员要主动接受专业技术培训和安全教育。其中特殊工种人员还必须通过参加有关部门的培训和考试考核取得相应的操作证件。

（4）不得随意更换作业人员。在工作期间，未经许可，不得将自己的工作暂时交给别人去做。因为每个岗位、每台机械设备都有不同的操作技术规范性要求，所以不得随意换人，以免因不熟悉机械性能特点产生误操作而引发安全事故。

（5）严禁酒后作业。饮酒后，人非常容易疲倦或者亢奋，会严重干扰影响到思维意识和动作行为，所以酒后作业非常危险，一定要坚决杜绝。

（6）严禁在危险场所停留。一些场所往往存在潜在危险，因此，要严禁在公路、洞口、陡坡、高处及水边、滚石坍塌地段、设备运行通道等危险地带停留和休息。上下班应按规定的道路行走，严禁跳车、爬车、强行搭车。大型机械施工作业时，非作业人员不得随意进入工作范围内。

（7）高处作业时，不得向外、向下抛掷物件，以免砸伤他人。

（8）严禁乱拉电源线和随意移动、启动机电设备。

（9）注意保护有关设施。不得随意移动、拆除、损坏安全卫生及环境保护设施以及各类警示标志。

在作业时，要认真学习掌握应该遵守哪些方面的技术操作规程，一旦对照发现自己曾经有过类似不规范行为，应该引起高度重视，下定决心进行整改。

员工在遵守安全技术操作规程的同时，还要注意遵守企业安全卫生规程。安全卫生规程是企业工作规程的重要组成部分，是通过吸取各种事故教训、总结经验而制定的。要知道，企业安全卫生规程不是针对某个人而制定的，面向的是整个企业团队，对每个从业人员都有约束和保护作用。

☆☆☆☆☆☆☆☆☆☆☆☆☆☆☆☆☆☆☆

2016 年 7 月 14 日下午 3 时 20 分，某民营化工厂碳酸钡车间工人张某、许某和吕某进行脱硫罐洗清作业。三人作业过程中，未采取任何安全防护措施，张某先下罐进行清洗，刚下到底部就因吸入有毒气体导致昏迷，许某和吕某发现情况后，未穿戴护具就下到罐底去救张某，结果两人下去后，也昏倒了。幸亏这时候车间主任施某及时赶到，发现了罐底昏迷的三人。施某相对有一定工作经验，懂得自我保护，他戴上防毒面具后再下到罐底，把张某、许某和吕某救了上来，并赶紧拨打 120。10 分钟后，张某、许某和吕某被送到医院，虽经全力救治，但三人均造成功能性失明。

☆☆☆☆☆☆☆☆☆☆☆☆☆☆☆☆☆☆☆☆☆☆☆☆

在特殊环境中作业，有严格的安全卫生规程要求。脱硫罐内部存有大量的剧毒硫气体，进入其中作业必须严格执行佩戴防毒面具的规定，以防有毒气体对身体造成伤害。张某、许某和吕某在明明知道脱硫罐内可能存有有毒气体的情况下，仍然不采取安全防护措施而盲目作业。当张某昏倒在罐底后，许某和吕某竟然不知危险，仍然不佩戴防毒面具下去救人，同样也严重违反了安全卫生操作规程。该案例暴露了他们三人职业卫生防护意识薄弱。尽管事故发生时，车间主任施某佩戴了防毒面具及时施救，但他自身也存在对员工安全卫生规程执行情况监管不力的责任。

每名企业员工认真遵守安全卫生规程，等于是珍惜生命，保护健康。在具体工作中，遵守安全卫生规程，要注重以下要领。

（1）要整理整顿清扫清洁，打造清洁工作场所。整理物品要做到有毒无毒分开，有用无用分开，无用物品要及时处理。整顿要做到有用物品分类存放，取放简单、使用方便安全保险。清扫要做到随时打扫清理垃圾、泄漏物、灰尘和污物。清洁要保持服装整洁、车间干净。

（2）经常检查和维护安全防护设施和安全装置。对于作业环境中的安全防护设施和安全装置要定期检查和维护，发现问题立即排除。

（3）正确使用个人防护用品。在不同的作业环境中，要根据岗位正确、规范选择和穿戴个人防护用品。

（4）注意化学物品的危险性。做到有毒无毒物品分开，密闭隔离有毒物品，保持作业现场通风，定期检测有毒气体、液体或固体。

（5）注意密闭空间安全卫生。要持续监测相关物品的浓度，确保通风顺畅，用好空气面罩。

（6）预防法定职业病。一些作业环境中，容易发生尘肺病、放射性疾病、职业中毒、中暑、职业性皮肤病等，要注重防范。

但凡发生事故，必有违章相伴，员工违反安全操作规程和安全卫生规程，灾难就随时有可能降临到自己头上。所以，我们要严格遵守安全操作规程和安全卫生规程，不能有丝毫马虎和犹豫。只有时时注意、处处遵守、人人防范，才能最大限度保障安全。

6. 违反劳动纪律行为表现应及时制止和改正

　　劳动纪律是用来规范和约束劳动者劳动行为的一种规则和秩序。用人单位制定劳动纪律不是对员工的一种"刁难"，而是一种"保护"，目的在于保证生产经营活动的正常运行和员工的生命健康安全。

　　在各种类型的安全事故中，员工违反劳动纪律是一个重要成因。同时，员工违反劳动纪律有很多表现，如不按时上下班，上班时间内做与工作无关的事情，在班不在岗，擅自脱岗、断岗、空岗，强行请假，不按期销假，酒后上岗作业或在值班期间私自饮酒等。

☆☆☆☆☆☆☆☆☆☆☆☆☆☆☆☆☆☆☆☆☆☆☆

　　2017年2月11日，某化肥厂调度室何某和项某正在值班，何某接到一个电话，他在老家农村的父母坐火车来到了该市火车站。何某对同事项某打了个招呼，让他先盯一会儿。然后就开车去了火车站。控制室就剩下项某自己值班。到下午3时20分，项某突然感到肚子不适，就去了一趟卫生间，回来之后，仍然不舒服，此时，何某还没回来。项某看了看控制室的监控，未发现有异常之处，就私自出去买药，出去前也没有交代其他人前来值守，导致控制室出现断岗问题。10分钟后，控制室3号监控出现了故障警报。车间人员到控制室汇报，发现没人，导致未能及时处理故障，引起该车间合成氨出现泄漏事故，造成3人死亡。

☆☆☆☆☆☆☆☆☆☆☆☆☆☆☆☆☆☆☆☆☆☆☆

　　值班期间，有事临时出去一会儿，可能有些人觉得问题不大，认为应该不会出什么问题。然而，各类事故往往就是因为员工的这种不以为意的侥幸心理而引发。从本案例看，化肥厂控制室属于关键部门，必须严格执行24小时专人值班制度，严禁出现私自脱岗、断岗问题。因为控制室掌握着整个企业的实时生产状况，一旦发生问题而无人值守，就很容易产生指挥失常、处置无序的问题。

对于常见的各类违反劳动纪律行为，企业要采取有力措施进行干预和整治。在具体工作中，主要有以下几种违反劳动纪律的行为需要制止和改正。

（1）酒后上岗或值班期间饮酒。员工饮酒后上岗或在岗位上饮酒，中枢神经会受到酒精强烈刺激而出现亢奋、疲乏、意识模糊、判断力下降等问题。

（2）脱岗、串岗、睡岗。在工作期间出现脱岗、串岗和睡岗行为，非常不利于及时发现异常情况，会影响到及时沟通信息。

（3）误传调度指令。误传调度指令，会误导他人，从而贻误时机，造成损坏设备或人员伤亡，重要指令要领会清楚并向对方复述，得到肯定后再去执行。

（4）在工作时间内从事与本职工作无关的活动。如员工在工作期间闲聊、看手机、打游戏等。

（5）在高处作业区内打闹，使用手机，不认真工作和监护等。这类行为极易引发高空坠落、落物伤人。另外手机静电会引发火灾爆炸事故。

（6）监护人、值班负责人不仔细审核操作人拟定的操作票。相关人员草率签字后，作业人员在执行作业时，如果操作票本身存在安全隐患或其他不科学、不周到、不合理之处时，就往往会产生误操作而引发安全事故。

（7）随意委托他人操作。在生产中，有些员工图便利，会出现委托他人代为操作，或者自己擅自操作他人的设备的情况。因为换人操作，操作者对工艺流程、设备性能、操作规程不熟悉，容易造成误操作，引发事故。

（8）交接班制度执行不规范。有些员工岗位交接班敷衍，不进行逐项交接，导致接班者无法准确全面掌握上一班情况。

（9）请销假制度执行不严格。有些员工不按时上下班、迟到早退、不假外出、到假不归，影响单位正常工作的开展。

（10）不按规定穿戴劳保防护用品。很多需要穿戴劳动防护用品的作业岗位，往往会发生部分员工不规范穿戴，从而造成个人伤害。

忠于职守、认真履职不是一句简单的口号，而是硬性的劳动纪律要求。员工每一个违反劳动纪律的行为都是发生意外伤害的隐患。我们要清楚违反劳动纪律的行为表现，了解掌握采取何种措施去纠正和规范，从而主动规范自身的思想和行为，确保生产安全和自身安全。

 ## 7. 依据岗位特征，执行三级巡检制度

在企业生产经营活动中，需要班组长、技术员、企业领导三级岗位人员，根据企业不同的岗位特征，分别组建专门班子，对生产设备、生产过程、生产环境等方面开展定期不定期巡检，从多个角度发现查找问题隐患，维护好企业的安全生产秩序，防止安全隐患发展为安全事故。

具体操作时，执行三级巡检制度主要包括以下层面的巡检。

（1）班组长层面的巡检。主要包括企业检修班组、技术员、运行

班长、轮流值班人员等岗位层面的人开展巡检活动。这个层面人员的巡检重点有：员工在交接班时，根据交接班的内容和要求进行检查；值班人员每天应当早上、晚上分别对辖区范围内的设备开展一遍巡检，发现问题后立即总结报告，并迅速组织人员解决问题；遇到特殊情况，应视情况需要适当增加巡检次数；运行班长和技术员，每天上班期间要对本班组的主要设备和工作环境等情况巡检一遍，每周对所辖班组的所有工作设备和工作岗台及工作环境巡检一遍；班组长层面的巡检组要每天监督检查本班组自身开展巡检的情况，避免产生"灯下黑"；检修班相关人员每周要至少三次对所辖设备巡检一遍，遇到特殊情况，检修班要增加巡检次数。

（2）技术员层面的巡检。企业技术员一般包括运行技术员和设备技术员两类。在巡检工作中，根据岗位分工不同，应当分别认真开展好巡检活动。其中，运行技术员的巡检，要求相关人员每天到岗位监督检查巡检情况、交接班制度执行情况，并对企业车间的主要设备巡检，技术巡检员要熟知运行方式，预想事故处理程序。每周应当向生产经理汇报一次生产管理上的基本情况，并有义务在生产经理指导下，共同分析问题、研究对策、组织整改。设备技术员的巡检，要求其每周对企业的所有设备至少巡检一次，并监督检查各班组自身的巡检情况，同时负责每周向设备经理汇报一次设备运行状况和存在的问题，在汇报的基础上，设备技术员也有义务和职责在设备经理指导下，共同分析设备方面的问题，共同研究制定问题整改措施并参与组织实施。

（3）企业领导层面的巡检。相对班组长和技术员而言，企业领导负责掌握的领域要更宽。因此，企业领导尤其应当高度重视巡检工作。每月要对所辖范围领域至少进行两次常规性巡视。在企业领导开展巡检活动时，要根据工作需要，带领班组长和技术员层面的人员共同开展巡检活动。巡检结束后，企业领导要会同公司技术员、班组长、班组技术员，集中召开会议，及时对巡检情况开展"联合会诊"，以便于群策群力，集思广益，深入整改问题。

在生产实践中，员工认真执行三级巡检制度，可以有效保证减少工作失误，有效排查事故隐患，避免事故的发生。

☆☆☆☆☆☆☆☆☆☆☆☆☆☆☆☆☆☆☆☆☆☆☆☆☆

某焦化工企业自2011年组建以来，连续7年蝉联全市"安全生产"示范单位称号。2018年12月，该市政府召开工贸系统工作会议。该企业负责人赵某在大会上分享了工作经验。据赵某介绍，该企业自组建之初，就严格落实各级部门三级巡检制度。工作实践中，企业构建了"操作工与专业维修工，员工、管理人员和领导点巡检与检查相结合"的三级巡检体系，相关责任人严格按照"定点、定人、定时间、定内容、定要求"的"五定"要求，每周一、三、五各开展一次三级巡检活动。细致巡检每个岗位、每台设备，并及时做好记录，确保了生产设备和装置的安全运行。同时，该企业员工在三级巡检中，严格执行"挂牌点检"制度，重点加强厂管设备、重点设备、一般设备的点巡工作。操作工每2小时进行点检，中层管理人员每天1次点检，企业董事会成员每隔一天点检1次。该企业各层面人员通过周密严谨的三级巡检活动，有效保障了企业的安全稳定和长足发展。

☆☆☆☆☆☆☆☆☆☆☆☆☆☆☆☆☆☆☆☆☆☆☆☆☆

该企业的三级巡检体系建设、"五定"措施，有效保证了安全巡检无死角、无盲区、无漏洞。同时，该企业还注重细节管理，各层面的管理人员开展高频次的点检活动，实现了细节巡检无遗漏、点位问题全兜底。

企业建立三级巡检制度，有助于调动起各岗位人员的工作潜能，提高企业整体安全生产水平。企业三级巡检涉及的三个层面人员，应当分别结合自己的岗位实际，根据所负责管理的领域，明确巡检的内容重点，认真细致地开展好巡检活动。在此基础上，还应当准确把握三级巡检工作的基本要求，以保证巡检工作规范、有序、高效进行。

（1）要规范执行巡检制度。企业三级巡检，无论涉及哪个层面，都要严格落实企业制定的巡检制度，根据工作需要，合理确定巡检时间、路线、地点和内容。在巡检过程中要做到"四细"。细看，即仔细查看设备和环境状况；细听，即凭借听觉判断设备有无故障，环境有无异常声音；细闻，即借助嗅觉感受有无电线烧煳的味道，工作环境中有无异味；细摸，主要是依靠触觉进行判断故障和问题，需要强调的是触摸时不能直接触摸带电、高温、低温等自身带有危险特征的设备，以免受到伤害。各级巡检人员在巡检过程中发现任何异常现象，都应当做到"四个及时"：及时记录，及时上报，及时分析，及时解决。

（2）注意特殊性巡检要求。三级巡检人员遇到如下情况时，要进行特殊性巡检。设备负荷发生变化，设备变换了运行方式，新的、长期搁置或检修后的设备初次投入运行时的情况，带故障运行的设备，设备或工作环境系统发生严重事故的情况，遇到雾、雪、雨、雷、风异常时的气候变化情况，温度、湿度、电压、压力等情况发生突变的情况等。遇到这些情况，一定要采取必要的防范措施，在保证巡检人员不受到潜在伤害的前提下，谨慎开展巡检活动。

（3）注重人身安全。无论是常规性巡检，还是特殊性巡检，巡检人员都要时时处处注意安全。在巡检过程中，严禁触动与巡检内容无关的设备，或者接触与巡检内容无关的环境，以防发生不必要的意外伤害。

在我们掌握了三级巡检的人员、内容和安全性要求的基础上，还需要掌握了解企业三级巡检制度制定的主要规范性要求。一般来讲，企业三级巡检制度的内容体系主要包括指导思想，巡检政策依据，三级巡检组织涉及的人员，巡检的设备点位和环境，巡检的频次要求、安全要求、工作保障、奖惩机制等。每个组成部分的内容，需要各企业根据自身实际情况进行填充和完善。企业在制定科学完善的三级巡检制度之后，才能让三级巡检活动有章可循，有据可查。

在安全生产领域，各种风险隐患和事故苗头，严格执行好三级巡检制度，通过员工的"火眼金睛"，也能够被及时发现、有效处置和防范化解。因此，我们为保障生产安全，需要根据岗位特点，遵守三级巡检制度。在完善制度的基础上，不同层面的巡检人员要严格认真地开展好巡检活动，在企业内部构建坚强有力的安全保障体系和风险隐患排查体系，进而有力保障企业生产经营活动安全、稳定、有序开展。

第十章

反习惯性违章，规范的生产行为让生命更安全

习惯成自然，好习惯应坚持，坏习惯当摒弃。生产经营单位员工的习惯性违章，是安全生产的"顽疾"和"劲敌"，因为习惯性违章员工自己往往觉察不到，如果不及时指出和纠正，很容易引发安全事故和工伤。因此，每个企业员工都要做到反习惯性违章、树规范性意识，变习惯性违章为习惯性遵章。

1. 不良行为习惯是诱发事故的根源

有关统计数据表明，多数安全事故缘于员工的不良行为习惯。因此，必须让员工的安全行为变成日常习惯，只有这样，才能避免事故，保证安全。

☆☆☆☆☆☆☆☆☆☆☆☆☆☆☆☆☆☆☆☆☆☆☆☆

2015年3月14日，某公司发生一起员工一氧化碳中毒事故。当日下午2时30分，该公司锅炉维修工花某在进行大型锅炉维修作业。该锅炉已经停炉7天，花某在进入锅炉内部维修前，未对炉内气体进行检测和分析。在锅炉内间断工作了大概30分钟后，花某感觉身体不适，就走出了锅炉，刚刚走出来，就心跳加速，额头上冒出虚汗，双手开始痉挛，呼吸也急促起来。工友发现后，赶紧把他送往医院，花某被诊断为一氧化碳中毒。经过医务人员全力抢救，花某才保住一条命。

☆☆☆☆☆☆☆☆☆☆☆☆☆☆☆☆☆☆☆☆☆☆☆☆

在事故调查时发现，该锅炉停炉后，煤粉仓内剩余的煤粉发生自燃，因为燃烧不完全产生一定浓度的一氧化碳，积存在锅炉内部。花某在进入锅炉前，未对内部气体进行检测和分析而贸然作业，导致了一氧化碳中毒。花某之所以未提前对锅炉气体进行检查，是因为之前他也从未分析检查过，却未发生过事故，这就慢慢成为一种不良行为习惯。因此，花某的事故是由其自身的不良行为习惯导致的。

在安全生产领域，我们需要深入掌握了解不良行为习惯的特点与表现形式，再对照自身反思检视，有则改之，无则加勉。在生产经营活动中，员工常见的不良行为习惯有如下几种。

（1）违反劳动纪律。工作懒散无序，不认真执行请销假制度，经常脱岗、换岗、缺岗、睡岗；经常出现无故迟到、早退、旷工、消极怠工等行为；班前或工作中饮酒；不认真执行交接班和工作票制度；工作期间经常做与本职工作无关的事情；不能按时完成或高质量完成生产任务或领导安排的工作任务等。

（2）不规范穿戴安全生产防护用品。在一些需要护具保护工作岗位，不按照规定规范穿戴安全帽、安全带、安全鞋、防护服、护目镜等安全防护用品。

（3）不服从指挥。工作中任性随意，性格偏执，无正当理由不服从工作分配和领导的调动与指挥；工作随意，经常影响生产秩序、工作秩序和社会秩序。

（4）工作中玩忽职守。工作作风不踏实，工作中无视安全生产管理制度规定，经常违反技术操作规程和安全规程，出现违章作业或者违章指挥行为。

（5）工作不负责任。责任意识不强，工作不认真细致，经常生产不合格产品甚至废品；经常无故或故意损坏设备工具、车辆等；不注重勤俭节约，浪费原材料、水电、办公耗材等。

安全生产、安全生活，都离不开良好的安全习惯。安全习惯不是一朝一夕养成的。研究表明，一个习惯的养成需要21天，90天的重复会形成稳定的习惯。不良行为形成以后，要改变它是十分困难的，所以对于工作中的"小毛病""小过错"，我们不能视而不见，否则一旦形成习惯，就会在无意识状态下做出危害自己和他人的事，为事故打开了方便之门。只有养成处处注意安全、时时关注安全的良好习惯，才能有效避免事故的发生。

2. 纠正坏习惯，为安全生产戴上"安全帽"

习惯是一种长期形成的思维方式、处世态度和行为动作，是由一再重复的思想行为形成的。员工在生产活动中形成的坏习惯的原因有很多，如图省事、存在侥幸心理等，常见的有操作者注意力不集中、违反安全操作规程、不按规定佩戴劳动防护用品、忽视重要的显示和提示、操作控制不规范、错误使用装置等。无论哪类坏习惯，都需要认真纠正，不然就会导致事故发生。

☆☆☆☆☆☆☆☆☆☆☆☆☆☆☆☆☆☆☆☆☆☆

2019 年 7 月 11 日上午 11 时，年仅 28 岁的小伙罗某的生命定格在这一刻。罗某是某家电公司聘用的空调安装工，这一天上午，某小区 9 楼住户从该家电公司购买了一组空调，公司派罗某前去安装。罗某去该户施工时，竟然穿着拖鞋，而且没系安全带。户主看到后，提醒罗某是否该换一双鞋，并且系上安全带，但罗某却不以为意。他说，我虽然年纪不大，但干这一行已经 5 年了，也经常穿拖鞋不系安全带，从来没出过事，没有问题。结果在飘窗外安装外机时，因天气太热，罗某的手上出汗湿滑，故而没托稳外机，结果连人带外机一同坠落，罗某当场死亡。

☆☆☆☆☆☆☆☆☆☆☆☆☆☆☆☆☆☆☆☆☆☆☆

室外作业，尤其是高空作业，作业人员在衣着和护具方面有着严格的要求。根据罗某的工作情况，他绝不应该穿拖鞋，并且必须要系好安全带，以防不测。但是，罗某认为自己是名经验丰富的老员工，并且平时也经常这么干，时间久了，就成为一种盲目的"大胆"，形成了坏习惯，这种坏习惯最终要了他的命。如果罗某一直注意着装和护具穿戴要求，也不至于逐步形成坏习惯，最终因为自己的坏习惯丢了性命。

纠正员工的不安全坏习惯，并不容易，需要针对员工生产中的坏习惯的表现特征，采取不同的方法。

（1）对于操作者注意力不集中的问题，企业可责成相关人员在机器设备重要的位置上安装引起注意的装置，并在各工序之间消除多余的间歇，保证工序衔接的自然有序。同时，还要注重为作业人员提供有利于他们集中注意力的作业环境。

（2）对于员工违反安全操作规程的问题，企业应组织专人，对有关员工开展全面深入的安全教育培训。在培训过程中，要重点引导操作者意识到生产过程的危险，并严格执行避免危险的规范操作程序。同时，企业还要把安全技术培训纳入整个技术培训计划之内，重点设置安全技术操作规程和技术要求，让员工熟练掌握本岗位安全操作的技术要领，并在实际操作中严格遵守安全操作规程。

（3）对于员工不按规定佩戴劳动防护用品的坏习惯，企业应当教育引导员工，明白作业环境中存在的危险因素，以及规范佩戴安全防护用品能让自身免受各类伤害。比如，规范佩戴安全帽、安全鞋、护目镜、面罩等防护用品，可以有效预防各类飞来物的伤害。正确佩戴各类防护手套、防护鞋、防护服等，可以有效防止员工与高温、锋利、带电等不安全物体接触时受到伤害。正确佩戴口罩、面具、耳塞等防护用品，可以有效避免员工作业环境中的粉尘、有毒有害物或者噪声等方面的伤害。

（4）对于员工忽视重要的显示和提示的问题，企业可以调整仪表的安装位置，使之醒目、方便。如因作业需要而作业现场又没有必要的仪表或工作提示，则要根据现实需要，配备安装一些仪表或提示标志。同时，为了确保仪表的可靠准确和醒目，企业应当使用严格经过定期试验和调试校准过的仪表，防止出现数据不准而影响员工的判断。

（5）对于错误使用装置的坏习惯，企业要针对生产需要，为员工配备正确的装置，并引导员工根据实际情况规范、正确地运用这些设备。对相关的控制装置关键的操作顺序，应当按规定要求提供联锁装置，并将控制装置根据工作用途和工作程序，按照要求的顺序进行配置。

（6）对于员工作业过程中出现烦躁不安坏习惯的问题，企业应该引起充分重视，因为员工在生产过程中，如果出现情绪波动较大、烦躁不安的状态，很容易让他们失去理智和耐心，从而导致违章作业。面对这类情况，企业可视情况为员工改善作业内容，根据生产需要，在合理范围内调节作业速度，减少员工因过长时间集中精力而带来的疲劳感和烦躁感。同时，企业还要注重合理安排员工的作业与休息时间，尽量让员工劳逸结合、有张有弛。另外，员工在作业时，可以在保障安全的前提下，适当调整自己的工作位置和姿势，以减轻疲劳、稳定情绪。

从企业生产经营过程中发生的很多安全事故中分析发现，有很多事故是因为员工在生产中存在诸多坏习惯而导致的。因此，我们要从各类事故中汲取经验教训，清醒认识到安全坏习惯的危害性，自觉树立安全无小事的理念，牢记"我的安全我负责，他人的安全我有责"。在作业前、作业中和作业后，每名员工都要进行自我检视、自我监督和自我反思，千方百计克服各种习惯性违章操作，严格按操作规程操作，确保自身安全和幸福的生活。

3. 安全生产行为习惯化，让隐患无处藏身

习惯性违章是事故发生的隐患。各级各类企业只有全面规范员工的生产行为，加大反违章作业的力度，深入治理习惯性违章，实现员工生产行为安全化和习惯化，才能为企业的安全生产奠定坚实的工作基础。

企业从业人员要想实现安全生产行为习惯化，首先需要掌握了解习惯性违章的原因。掌握清楚习惯性违章的成因和症结所在后，才能做到有的放矢、精准施策，逐步实现安全生产行为习惯化。

☆☆☆☆☆☆☆☆☆☆☆☆☆☆☆☆☆☆☆☆☆☆☆

刘某是某煤矿一名老矿工，多年的职业生涯让他养成了良好的安全行为习惯。2017年6月的一天，刘某所在的3号矿井机组坏了，员工们坐下来稍事休息。出于工作习惯，刘某仔细观察了一下周围的工作环境，当他抬头看顶板时，有个小石块从他头上顶梁挡前方掉了下来，刘某凑到顶板处仔细听了一下，里面好像还有点响声。刘某凭多年的习惯性经验判断，这块顶板上面很有可能存在危险，他赶紧提醒工友迅速离开这个位置。等大家迅速离开后，那块顶板就塌下来，随即一块100多斤重的岩石掉了下来，正好砸在刘某刚才坐的位置上。大家惊呼一声，纷纷向刘某道谢。

☆☆☆☆☆☆☆☆☆☆☆☆☆☆☆☆☆☆☆☆☆☆☆

煤矿属于高危行业，如果不注重安全规范，没有形成安全生产行为习惯，稍有不慎就可能发生工伤事故。在井下工作必须要时刻都有安全意识，就连休息时也不能放松警惕。刘某多年的工作经验积累过程，也是他安全生产行为习惯化的形成过程。有了这种经验积累和行为习惯，他和工友们成功规避了一场事故。

一个人的行为习惯，都是在日积月累中逐步形成的，好习惯和坏习惯都是如此。作为企业员工，整体安全意识的高低和行为习惯的好坏，都会对企业安全和人身安全有直接的影响。在生产过程中，好习惯和坏习惯都容易被"传染"，如果全员都能形成好习惯，那么这家企业就会长治久安，员工的人身安全就会得到有效保障，反之，则会导致事故连连、伤害不断。

安全生产行为习惯化，可以避免我们出现习惯性违章的行为，可以有效排查安全隐患，可以避免生产事故和人身伤害。因此，安全生产行为习惯化的形成，需要我们注重自身的细节言行，逐步进行培养。

（1）从工作台开始。我们的安全生产坏习惯，多数是在工作岗位上，在工作台上形成的。所以，纠正这些坏习惯，需要从工作台开始，在工作过程中，认真检视自己的每个动作是否合乎操作规范性要求，除了自己检视，还要积极请工友们进行监督，互相提点，共同发现和纠正各种不良作业习惯。

（2）了解自己每天的精神状态。人的生活起居和工作都有生物钟，每个人的精力充沛期各不相同，我们可以利用精力最充沛的时间段，去完成最难完成的工作任务。

（3）工作不等不靠。员工工作懒散、消极被动也是诱发习惯性违章的重要因素。因此，我们要力争做到今日事今日毕，不等不靠，不推不脱。尤其是重要的事情更要及时完成，如果积攒过多，就容易产生更大的压力和负担。

（4）做任务清单。工作前，我们可以根据当天的工作任务，做一张任务清单，把自己该做的工作条理清楚地列出来，把工作重点、难点记录清楚，这样有利自己工作有条不紊，避免因盲目性而产生违章作业。

（5）撰写工作日志。很多优秀的员工会有写工作日志的好习惯，把自己每天的工作情况、得失、感悟，一点一滴地记录下来，晚上静下心来翻一翻，反思一下，这样有利于我们养成规范严谨的工作态度和习惯。

（6）利用好各种时机学习。现实中，一些不具备生产安全习惯的员工，和自身安全生产知识匮乏、安全操作技能不熟练有密切关系。要想改变这种状况，需要我们利用一切可以利用的零碎时间，主动学习安全生产知识，学习相关法律法规和操作规程，并积极参加各种岗位练兵、技能竞赛、事故防范应急演练以及拓展训练等实践活动，不断积累知识和经验，为实现生产习惯化奠定坚实的知识和能力基础。

（7）提高工作标准。一些习惯性违章行为的出现，与我们对自身的工作标准要求不高不无关系。在作业过程中，有些员工为了图省事，往往会趁别人不注意时，偷偷降低工作标准、随意简化工作程序，这其实是典型的违章行为，危害很大。我们要想改变这种不良的思维和工作习惯，就需要从思想上真正重视操作规程，时刻提醒自己，要提高工作标准，规范作业流程，绝不随意操作。只有工作标准提高了，工作程序严格了，才能逐步远离不良习惯，这是对自身安全最好的保护。

 ## 4. 习惯性违章的特点与处理方式

习惯性违章是指从业人员违反安全操作规程，或有章不循，仍然固守不良作业方式和工作习惯的行为。它就像高悬于头顶的达摩克利斯之剑，一旦落下，不但会害自己也会害了别人。

习惯性违章是一种发生在员工身上的不安全行为，不安全行为受事故心理支配。要想消除员工的习惯性违章，需要全面深入地分析习惯性违章的特点和规律。因为只有认识清楚习惯性违章的特点和本质，才能有的放矢，采取有效措施精准治理。综合不同行业领域的习惯性违章行为，发现有以下特点。

（1）麻痹性。在生产中，员工的习惯性违章往往具有麻痹性，员工会因为违章行为暂时没有引发事故而产生麻痹心理，进而逐步形成习惯性违章。

（2）顽固性。习惯性违章因为存在时间较长，一般具有顽固性，也正因为其顽固性，想要改变往往比较困难。

（3）从众性。在生产过程中，有些员工的习惯性违章行为并不是自己"首创"的，而是从其他人身上学到的。当他们看到别的员工违章作业省力省时，又暂时没发生事故，就跟着学，这种心态和习惯往往逐步形成了从众性违章，其危害不容低估。

（4）排他性。在生产领域，那些有习惯性违章的员工往往很固执，在还没有引发事故之前，他们总觉得自己的违章作业方式"高级"，他们不愿被规矩束缚，即使参加了安全培训，心中也往往会不以为意，仍然我行我素，"恶习"难改，长此以往，后果可想而知。

习惯性违章普遍存在于企业生产各领域、各环节和各类人员之中，是一种违反安全生产客观规律的盲目行为方式。下面是员工常见典型习惯性违章表现及纠正方法。

（1）工作后不能保持良好的现场面貌

【举例】在工作现场随意堆放工器具和用料，工作结束前，不进行工器具和物料的清整与摆放，不打扫工作场所即下班。

【纠正方法】良好的作业环境是保证安全生产的重要条件，工作现场的工器具和物料摆放无序，地面不整洁，不仅会给正常工作造成不便，还可能伤害作业人员。应依据安全规程要求，督促并教育员工养成保持作业现场整洁、文明施工的良好习惯。

（2）随意在楼板或建筑物结构上打孔

【举例】有的作业人员为图方便，未经生产技术部门批准，随意在楼板或建筑物结构上打孔。

【纠正方法】楼板或建筑物结构必须保持完整和稳固，才能起到支撑的作用。随意在楼板或建筑物结构上打孔既不美观，又会妨碍其稳固性。对不经批准，随意在楼板或建筑物结构上打孔的应及时纠正并严肃处罚。

（3）用管道悬吊重物或起重滑车

【举例】需要悬吊重物或起重滑车时，有的作业人员图省事，竟用已安装好的管道进行悬吊。

【纠正方法】重物或起重滑车有一定的质量，悬吊在管道上，会造成管道塌陷或折裂，损物伤人。应加强现场监督，发现利用管道悬吊重物或起重滑车的行为时坚决制止。

（4）在需要加盖盖板之处，不加盖盖板

【举例】有的施工单位和作业人员在厂房内外，工作场所预留的井、坑、孔、洞或沟道上不加盖盖板，对危险视而不见，习以为常。

【纠正方法】生产厂房内外，工作场所的井、坑、孔、洞或沟道，必须覆以与地面齐平的坚固盖板。违反这条规定，在井、坑、孔、洞或沟道上不加盖盖板，就会发生人员坠落伤害事故。应准备坚固适用的盖板并对现场经常进行检查，发现有遗漏之处及时补盖。

（5）在通道口随意放置物料

【举例】经常在门口、通道、楼梯和平台等处存放容易使人绊倒的物料。

【纠正方法】门口、通道、楼梯和平台等处，是人员行走和物料转运的必经之地，如果在这些地方放置物料，必然会阻碍通行，给工作带来不便。因此，应经常检查，发现通道等处放置物料立即清除。

（6）将消防器材移作他用

【举例】有的工作人员在开门后随手用灭火器挡门或移动灭火砂箱作登高物。

【纠正方法】消防器材平时储放生产厂房或仓库内，一旦着火时用以灭火。随意把灭火器材移作他用，会损坏它的性能；如果不归放原位，起火时手忙脚乱，找不到灭火器材灭火，就会造成更大的损失。应经常检查消防器材是否妥善保管，如发现移作他用应立即整改。

（7）在工作场所存放易燃物品

【举例】把没用完的易燃物品随手放在工作场所的角落或走廊，准备下次再用。

【纠正方法】易燃物品既会污染工作环境，还容易引起燃烧和爆炸。作业人员应准确估算领取的易燃物品。领取的易燃物品应在当班或一次性使用完；剩余的易燃物品应及时放回指定的储存地点。对随意在工作场所存放易燃物品的现象，一经发现必须严肃处理。

（8）不按规定穿工作服

【举例】有的工人穿用工作服时，衣服和袖口不扣好；有的女职工进入生产现场穿裙子和高跟鞋，辫子、长发不盘在工作帽内。

【纠正方法】不按规定规范着装，衣服或肢体可能被转动的机器绞住绞伤。在作业前，班组长应对着装进行严格检查，不按规定着装的不准上岗作业。

（9）接触高温物体工作，不戴防护手套，不穿专用防护服

【举例】有的工人不戴手套和穿专用防护工作服就参加接触高温的作业，还振振有词地说："穿防护服不灵便，只要小心谨慎，不戴防护手套也不会出事。"

【纠正方法】接触高温物体，工作时如果不戴防护手套，不穿专用防护工作服，就有可能被烫伤。作业前应进行认真检查。对接触高温物体，不戴防护手套、不穿专用防护工作服者，不准上岗。

（10）进入施工作业现场不正确佩戴安全帽

【举例】有的职工进入施工生产现场不戴安全帽或者虽然戴上安全帽却不系好帽绳，还有的职工把安全帽当成小凳子坐。

【纠正方法】施工生产现场存在诸多危险因素，比如物体坠落等，因此，必须加强对头部的防护，安全帽可以对头部起到有效的防护作用。进入施工生产现场前，严格检查工人佩戴安全帽的情况，不正确佩戴安全帽者不准进入施工生产现场，发现把安全帽当凳子坐的现象应严肃查处。

（11）在机器转动时装拆或校正皮带

【举例】有的工人在机器转动时，动手进行校正或者装拆皮带，面对纠正和劝阻，他们不以为意地说："以前老师傅都这么做，我们这么做也不会出事。"

【纠正方法】装拆或校正皮带必须在机器停止时进行，否则有可能绞伤手指或手臂。经常列举在机器转动时装拆或校正皮带发生的血淋淋的事故，对违章操作者应及时纠正，严肃查处。

（12）在机器未完全停止以前，进行修理工作

【举例】有的职工发现机器出现小故障，在机器未完全停止以前便进行修理，并且说："小故障，随手修理一下不影响工作。等机器完全停止，排除故障再重新启动，影响工作效率。"

【纠正方法】在机器未完全停止之前，不能进行修理工作。可列举有关事故案例，讲清在机器完全停止之前进行修理工作，极有可能诱发事故，对违章操作者应及时纠正处罚。

（13）在机器运行中，清扫、擦拭或润滑转动部位

【举例】有的工人在机器运行中，清扫、擦拭或润滑转动部位，这样做非常危险，有可能导致手部或臂部被机器绞伤。

【纠正方法】在机器转动时，严禁清扫、擦拭或润滑转动部位，只有确认对工作人员确无危险时，方可用长嘴壶或油枪往油盅里注油。对违章操作者，必须及时纠正。

（14）翻越栏杆，在运行的设备上行走或坐立

【举例】有的职工喜欢翻越栏杆或在运行的设备上行走或休息。认为这是"勇敢的表现"，有的甚至为此"一赌输赢"。

【纠正方法】栏杆上、管道上、靠背轮上、运行中的设备上，都属于危险位置，翻越或在上面行走和坐立，容易发生摔、跌、轧、压等伤害事故，应严格遵守劳动纪律，对违章者给予相应的处罚。

（15）人爬梯不注意逐档检查

【举例】有的职工以为："爬梯很稳固，逐档检查没啥必要。"因此，不进行逐档检查就往上爬。上下爬梯时，还习惯用两手同时抓一个梯阶。

【纠正方法】爬梯的稳固性只是相对的。随着时间的延长和环境的变化及其他意外因素，爬梯很可能产生隐患。如果不进行逐档检查，不稳固状态难以发现，很可能引发坠落事故。上下爬梯时，不但应逐档检查是否牢固，还应两手各抓一个梯阶，小心稳妥，以防意外。

（16）随意拆除电器设备接地装置

【举例】在使用电气设备中，有的职工随意拆除接地装置，或者对

接地装置随意处理。认为："电气设备绝缘没有损坏，不使用接地装置也不会触电。"

【纠正方法】随意拆除接地装置，一旦电气设备绝缘损坏引起外壳带电，与之接触就会触电。因此，接地装置不能随意拆除，也不能对接地装置随意处理，对违反者应及时进行批评教育直至处罚。

（17）使用有缺陷的大锤作业

【举例】有的职工使用大锤时，不进行检查，锤头已出现歪斜、缺口、凹入或裂纹仍照常锤打，并且说："小毛病，不碍事。"

【纠正方法】工具有缺陷，不但妨碍作业，而且容易诱发伤亡事故。大锤歪斜就容易抡偏，击伤手臂，如果锤柄断裂锤头会飞出伤人。作业前，应认真检查大锤，不合格者严禁使用。作业中大锤出现缺陷，应立即更换。

（18）凿击坚硬或脆性物体时不戴防护眼镜

【举例】有的工人在用凿子凿击金属或混凝土等物体时，不戴防护眼镜，认为戴防护眼镜动作不便，妨碍观察。

【纠正方法】不戴防护眼镜，极易被砸下的金属屑或混凝土碎块击伤眼睛。因此，应当经常检查督促职工在作业时戴好防护眼镜。

（19）使用没有防护罩的砂轮研磨

【举例】有一位工人在打磨时，使用没有防护罩的砂轮，有人提醒他，他却说："只要自己注意，不会有危险。"结果砂轮碎裂，碎片崩出击伤了他的头部。

【纠正方法】应讲清楚：安装用钢板制作的防护罩，能有效地阻挡砂轮碎裂时的碎块，保护自己和其他人员的安全。因此，禁止使用没有防护罩的砂轮。对使用未安装防护罩的砂轮的员工应及时制止作业。

（20）忽视检查，使用带故障的电气用具

【举例】电气用具在使用前，必须进行认真检查。但有的职工却说："昨天使用时一切正常，再重新检查没啥必要。"

【纠正方法】由于忽视检查，常使电气用具存有故障而无法察觉。比如，电线漏电、没有接地线、绝缘不良等，既有碍作业，又存在发生触电的危险。因此，使用前必须检查电线是否完好、有无可靠接地、绝缘是否良好、有无损坏，并应按规定装好漏电保护开关和地线，对不符合要求的不能使用。

（21）使用电动工具时不戴绝缘手套

【举例】有的工人感到"戴绝缘手套工作不方便"，常常徒手操作电动工具。

【纠正方法】使用电动工具时戴绝缘手套，能有效地防止电弧灼伤或电击。在作业前进行严格检查，对不戴绝缘手套者不允许操作电动工具。

（22）不熟悉使用方法，擅自使用电气工具

【举例】有的职工不熟悉电气工具使用方法，却擅自操作电气工具，造成不良后果。比如，提着电气工具的导线部位；因故离开工作场所或遇到临时停电时不切断电源等，这样不仅会损坏电气工具，还有可能由于绝缘不良造成触电事故。

【纠正方法】电气工具必须由熟悉其使用方法的电气工作人员使用，不熟悉其使用方法的人员不能擅自使用。对擅自使用电气工具者，应及时制止，并视情节轻重给予处罚。

（23）不熟悉使用方法，擅自使用风动工具

【举例】有的职工不熟悉风动工具的使用方法，却操作风动工具违章作业，比如在风动工具运行时拆换零部件。不仅使风动工具的性能受到损坏，而且容易造成人员身体伤害。

【纠正方法】不熟悉使用方法的人员，不能使用风动工具，发现有擅自使用风动工具的，应立即劝止。

（24）不熟悉使用方法，擅自使用喷灯

【举例】有的工人不熟悉使用方法，看到别人使用喷灯"很好玩"，也总想亲自试试。于是，趁别人不在场，拿起喷灯作业。有时还在喷灯漏气时点火，或把喷嘴对人，把人烧伤。

【纠正方法】不熟悉使用方法的人员，不能擅自使用喷灯。发现有擅自使用喷灯的应立即劝止，防止发生意外。

（25）在有可能突然下落的设备下面工作

【举例】有的职工作业时，不注意检查是否存有危险因素，落实保护措施。比如，在有可能突然下落的抓斗或吊斗下面进行检修等，其危险性显而易见，如果抓斗或吊斗突然下落，人员就会被砸伤，后果不堪设想。

【纠正方法】在有可能突然下落的设备下面工作，存在很大的危险性。应离开危险区域，在安全环境里工作。如必须在有可能突然下落的设备下面检修时，应预先做好防范措施。

（26）在机车驶近时抢过铁道

【举例】在厂内铁道与汽车道或行人道的交叉点，都设有"小心火车"的警示牌、拦路杆，并有专人管理。有的职工在拦路杆放下、机车驶进时，仍急于穿过交叉点，这样做非常危险，有可能被飞驰而过的机车刮倒或撞伤。

【纠正方法】应教育职工严守交通规则，机车驶近时，不得通过交叉点，负责交通管理的人员应坚决制止行人的冒险行为。

（27）在车辆下面或两节车厢的中间穿行

【举例】有的职工为了抄近道，走捷径，在车辆下面或两节车厢的中间穿行，还有的在铁道上或车厢下面休息，这是非常危险的行为。

【纠正方法】在车辆下面或两节车厢的中间穿行和在铁道上或车厢下休息，一经发现应坚决制止。

（28）用吊斗、抓斗运载作业人员和工具

【举例】有的工人总想坐吊斗或抓斗过把瘾，有的司机也安全意识淡薄，随意用吊斗、抓斗运载作业人员和工具。这样做，极易引发人员摔跌、撞击等伤害事故。

【纠正方法】不准用吊斗、抓斗运载人员和工具，班组职工要互相监督。如果吊斗和抓斗里有人，司机应停止工作。

（29）在卷扬设备运行时跨越钢丝绳

【举例】有的职工贪图方便，在卷扬机等设备运行时，跨越运行中的钢丝绳。经劝阻后却不以为意地说："只要身体灵便，保持距离就不会出事。"

【纠正方法】在卷扬机等运行设备的钢丝绳上跨越十分危险，稍有不慎即可能被钢丝绳绞伤。因此，在卷扬机等设备运行时，禁止任何人跨越钢丝绳。对违章跨越钢丝绳的，应给予相应的处罚。

（30）穿钉有铁掌的鞋子进入油区

【举例】油区有严格的防火措施。进入油区的工人，应进行登记，交出火种，不穿钉有铁掌的鞋子。钉有铁掌的鞋子与水泥地面或铁器摩擦，容易发出火花，引起爆燃。

【纠正方法】进入油区的有关规定，应严格遵守，同时要严格检查，穿有铁掌鞋子者不准入内。

（31）用箍有铁套的胶皮管卸油

【举例】有的工人在卸油时，竟把箍有铁套的胶皮管或铁管接头伸入卸油口。被制止后，他们却说："胶皮管不导电，为什么不让使用？"

使用箍有铁套的胶皮管或铁管接头，碰击时会迸放火花，极易将油点燃。

【纠正方法】卸油时，严禁将箍有铁套的胶皮管或铁管接头伸入卸油口。对违反规定的，应立即劝止并给予批评教育和处罚。

（32）不对易燃易爆物品隔绝即从事电、火焊作业

【举例】在进行电、火焊作业时，对附近的易燃易爆物品必须采取可靠的隔绝措施。但有的焊工明知附近有易燃易爆物品，却不采取隔绝措施，结果在从事电、火焊作业时焊花飞溅，将易燃易爆物品点燃，引起火灾。

【纠正方法】在从事电、火焊作业时必须办理相关工作票，对现场存有易燃易爆物品，采取可靠的隔离措施后方可作业。

（33）用手直接去拨堵塞给煤机的煤块

【举例】由于煤块堵塞，致使给煤机卡堵。这时，有的工人便去直接用手拨堵塞的煤块，结果，堵塞的煤落下，给煤机运转，将手或胳膊挤伤。

【纠正方法】应用专用工具和以正确的方法拨堵塞的煤，发现有直接用手拨堵塞给煤机的煤，应立即劝止，并给予批评教育和处罚。

（34）除焦时用身体顶着工具

【举例】有的工人站在除焦口的正面，或者用身体顶着工具，一旦炉灰焦冲出会将人击伤。

【纠正方法】讲清用身体顶着工具的危险性，督促工人使用正确的除焦方法。发现用身体顶着工具除焦的，应立即劝止。

（35）在制粉设备附近吸烟

【举例】煤粉是易燃易爆物品，制粉设备场所必须严禁烟火。但有的工人不以为意，在制粉设备附近点火吸烟，这样做，很容易引燃煤

粉，甚至爆炸。

【纠正方法】在制粉设备附近须严格遵守"严禁烟火"的有关规定。对在禁烟场所吸烟者，应立即制止，并予以处罚。

（36）戴线手套用手转动转子

【举例】有的工人站在汽轮机汽缸水平接合面上，戴线手套用手转动转子，容易发生转子将手套挂住而绞伤手指的事故。

【纠正方法】加强监护，对戴线手套用手转动转子的，应立即劝阻，并给予批评教育。

（37）用手指伸入螺丝孔内触摸

【举例】在安装管道法兰和阀门的螺丝时，有的工人用手指伸入螺丝孔内触摸，这样做很容易划伤手指。

【纠正方法】使用专用工具校正螺丝孔，对发现用手指伸入孔内触摸的，应立即劝阻与纠正。

（38）用燃烧的火柴投入地下室内做检查

【举例】在检查地下室有无有害气体时，有的工人不是使用专用的矿灯或小动物，而是用燃烧的火柴或火绳投入室内，如果地下室内有瓦斯等气体，就会引起爆炸。

【纠正方法】做检查时，应采取正确的方法。发现有人向地下室投燃烧的火柴或火绳时，应立即劝止，并给予批评教育。

（39）站在梯子上工作时不使用安全带

【举例】在容器、槽箱内工作时，有的工人站在梯子上，却不使用安全带，认为只要站得稳就不会出事，结果从梯子上跌落而摔伤。

【纠正方法】站在梯子上工作须使用安全带，安全带的一端应拴在高处牢固的地方，对上梯工作未使用安全带的工人，应督促他们立即拴好安全带，以防万一。

（40）把安全带挂在不牢固的物件上

【举例】有的工人在高处作业时，安全意识淡薄，不注意检查，随意将安全带挂在不牢固的物件上。如果人员从高处坠落，安全带就起不到保护作用，而发生人员伤亡。

【纠正方法】选择悬挂安全带的物件，必须牢固可靠，班组职工应互相监护，认真检查，发现安全带悬挂不牢固时，应督促其摘下重新选择牢固可靠的地点。

（41）高处作业不使用工具袋

【举例】高处作业时，有的工人嫌麻烦，不使用工具袋，工具随便放置，极易导致高处坠物伤人事故。

【纠正方法】高处作业时须把工具装在袋中，较大的工具还应用绳索挂在牢固的物件上。对高处作业不使用工具袋者，应严厉批评教育并予以处罚。

（42）雷雨天气不穿绝缘靴，巡视室外高压设备

【举例】雷雨天气巡视室外高压设备时，必须穿绝缘靴，并不得靠近避雷针和避雷器。但有的工人却不穿绝缘靴巡视室外高压设备，这是十分危险的，有可能被雷电击伤。

【纠正方法】对雷雨天巡视时未穿绝缘靴的，应及时劝阻，让其把绝缘靴穿上。不穿绝缘靴者，不能进行雷雨天室外高压设备的巡视。

（43）进出高压室时，不随手将门锁好

【举例】有的工人巡视配电装置时，进出高压室不注意关门和锁门，一旦有小动物进入，不仅会妨碍工作，而且极易导致弧光短路事故。

【纠正方法】在巡视时要对工作人员强调进出高压室随手将门锁好的重要性。发现不注意锁门的，应立即纠正并予以批评教育。

（44）带负荷拉刀闸

【举例】停电倒闸操作必须按规定的程序进行，但有的工人跳项操作，带负荷拉刀闸。这样做险象环生，不仅妨碍设备的正常运行，而且容易导致恶性电气误操作事故。

【纠正方法】讲清带负荷拉刀闸的危险性，对违反规定带负荷拉刀闸者，不论后果严重与否，均应从严处罚。

（45）高处作业时随意跨越斜拉条

【举例】在高处作业时，有的工作人员不是按规定的路线行走，而是走近处，从斜拉条上跨越，很有可能一脚踏空，从高处坠落伤亡。

【纠正方法】在高处作业不得随意跨越，并须系好安全带。对胆大妄为或麻痹大意者的违章行为，应及时纠正与处罚，并帮助他们增强安全观念。

（46）脚蹬吊物指挥起吊

【举例】在吊装汽机厂房屋面板时，有的指挥人员右脚蹬在最下面一块板上，左脚蹬在房架上，下令起吊。由于板已被吊起，右脚失去依托，从高处坠落死亡。

【纠正方法】指挥员在发出起吊信号之前，应检查吊物及周围是否危及个人和他人安全，严禁脚蹬吊物指挥起吊。对指挥人员的违章行为，任何人都有权纠正。

（47）在高处平台上倒退着行走

【举例】在高处平台作业时，有的工作人员手拿氧气带和乙炔带割把倒退着行走，只注意观察手拿的物品不被刮住，却忽视观察身后的预留口，导致失足坠落，造成伤害。

【纠正方法】在高处平台作业时，应一丝不苟地落实防护措施，树立牢固的安全意识，一举手一投足都要小心谨慎，以防万一。

（48）擅自使用有缺陷的吊篮作业

【举例】一名工人在作业中，不经批准，不做检查，擅自使用吊篮，进入吊篮后不挂安全带即起升。当吊篮升入高处时，因一端钢丝绳缺少一个卡扣而脱落，使一端垂落，将吊篮内的工人抛出坠落死亡。

【纠正方法】必须明确，使用吊篮必须征得有关领导许可。工作前，应系好安全带，并认真检查吊篮的安全状况以确保万无一失。

（49）从自己头上往身后递焊枪

【举例】在工作平台上施焊，一名焊工从自己头上往身后递焊枪，另一焊工接拿电焊枪的根部，恰巧电焊枪根部漏电，造成触电事故。

【纠正方法】必须用正确的姿势传递焊枪，严禁在身后传递。使用前，认真检查焊枪是否良好，对有缺陷的应停止使用。

（50）没得到指挥信号，卷扬司机擅自松开溜绳

【举例】在更换高压门架吊车主钩钢丝绳时，一名卷扬机司机在没有得到吊车上部指挥信号的情况下，误以为上部已经固定好，便自行决定松开溜绳，使主绳突然溜绳，并带动防止溜绳的钢丝绳急速弹起，将一名工人弹伤。

【纠正方法】在作业中，必须听从指挥，按要求操作，绝不能自以为是，盲目操作。

（51）高处传递物件不系牢

【举例】在安装铁塔附件时，一名作业人员往下松双钩紧线器，同时用小绳的另一端把防震锤带上去。由于小绳未系牢，双钩紧线器落地后，防震锤坠下，将这名工人脚部砸伤。

【纠正方法】应明确，用小绳传递物件时，必须把绳扣系牢。系绳扣时，应认真检查物件是否捆绑牢固。

（52）照明灯距离易燃物过近

【举例】某工地用一间板房做仓房，放置施工使用的工器具、材料和抹布等，并在屋顶板上设一盏照明灯。一名工人进仓房取工具后忘记关灯，致使照明灯释放的热度烤燃了距离很近的一批抹布而起火。

【纠正方法】照明灯距离易燃物不能过近，否则容易把易燃物烤燃。对屋顶照明灯，应经常进行检查，看是否处于安全状态。

（53）约定手势做指挥信号

【举例】某分厂在输煤皮带更新作业时，班长找到皮带值班员，交代说：看我的手势，手臂画圈为开；举手正常开；放手停车。当他在另一地点向一名工人交代工作时，用手向上指点。值班员远远看到误以为是开车信号，便通知运行人员将皮带开动，把在连接皮带上的一名工人带入滚筒挤伤。

【纠正方法】指挥时，必须使用旗语和口哨作信号。对约定用手势做指挥信号的，应严厉处罚。

典型的习惯性违章都具有相当大的危害性，需要进行根除，主要解决办法是注重预防。这需要我们提高反典型习惯性违章的思想认识，主动接受安全教育培训和实践训练，提高安全技能水平，善于发现并排除苗头性的问题隐患，并经常反思剖析，举一反三，千方百计避免犯类似的错误。

典型习惯性违章是生产事故的"亲密伙伴"，表现形式各不相同，想根除它们并非一日之功，需要久久为功、持续发力。要在全面深入掌握习惯性违章的表现的基础上，分析它们的存在特点、产生根源，再有的放矢地做好预防工作，进而全面彻底地铲除。

5. 习惯性违章的心理原因与预防措施

"思想是行动的先导"，这句话说的是人的心理因素对其行为会产生直接的影响。在安全生产中，习惯性违章的外在表现是各种不安全的操作行为，其内在的驱动因素则是心理作用在作怪。因此，我们需要全面认识习惯性违章的心理原因，在此基础上，再有针对性地加强预防，消除负面心理影响，规范生产行为。

员工习惯性违章的心理原因属于主观原因，它源于员工各种各样的性格特点与情绪特征，其表现形式比较复杂，主要有 10 种。

（1）侥幸心理。有些员工往往自视过高，觉得自己对工作的驾驭能力够强，在生产过程中，出现一些违章行为，发现并没有发生事故，于是就忽视了潜在的危险，产生了侥幸心理，一旦引发事故后就后悔莫及了。

（2）麻痹心理。在企业安全生产形势相对稳定的情况下，部分员工会放松警惕，会轻视一些安全隐患，产生麻痹大意思想，体现在行动上，就是不按规程办事，时间久了，就积累成习惯性违章。

（3）取巧心理。有的职工思想活跃，自恃聪明，在工作中，喜欢"耍小聪明"，打"小算盘"，习惯于投机取巧，故意简化操作流程和工序。这类人往往会"聪明反被聪明误"。

☆☆☆☆☆☆☆☆☆☆☆☆☆☆☆☆☆☆☆☆☆☆☆☆

2020 年 3 月 11 日，某五金加工厂发生一起机械伤害安全事故。当日晚上 10 时许，工人田某在操作冲床。该冲床设置了双手按钮，按照操作规程要求，员工必须双手进行操作。田某在冲床上作业时，看了看周围，没有人监督巡查。他觉得用双手操作太麻烦，就找来一根牙签，顶塞住冲床上的一个按钮，让其处于常合的状态，用另一只手操作另一个按钮。因为违反了双手操作的规定，影响到冲床的正常运行，产生双手协调出错，田某的两根手指被冲床压断。

☆☆☆☆☆☆☆☆☆☆☆☆☆☆☆☆☆☆☆☆☆☆☆☆☆☆

　　事故中的田某属于典型的"精明"人，他趁着夜班无人监护，图省事，乱操作，结果耍小聪明"耍"掉了两根手指，弄巧成拙，得不偿失。仔细分析一下该案例，假如事发当日，企业有人在进行巡查，可能不会让田某放松警惕，假如田某没有投机心理，也就不至于发生事故了。

　　（4）马虎心理。有些员工平时比较"大大咧咧"，思考事情往往不够细致全面，在生产中，经常粗心大意、不拘小节，只重视明显的危险，对细小的隐性危险充耳不闻、视而不见、掉以轻心。

　　（5）逞能心理。一些员工思想比较活跃，也有一定工作能力水平，但容易骄傲自满，做起事来往往比较毛糙浮夸。在这类员工眼中，一切事情都是"小菜一碟""小事一桩"，别人不敢违章，自己却"敢为人先"，胡乱操作，结果难免造成事故。

　　（6）蛮干心理。有些员工虽然有一定工作能力，但不喜欢被规矩制度束缚，认为遵规守矩的人太刻板，从而习惯于乱创新，这类员工往往无法预估行为的恶果而违章作业，这类违章一旦发生事故就可能是"出大事"。

　　（7）无知心理。一些新入职的员工对安全知识掌握不系统、不深入、不全面，工作仅靠满腔热情，而没有经验和技巧，这类员工往往会在不知不觉中出现违章。

（8）麻木心理。有些企业员工长期在一个环境、一个工种上工作，时间长了，就产生厌倦和麻木心理。表现在行为上就是消极应付、敷衍了事。发现了问题也懒得去处理，发现他人违章也懒得去管，时间久了，就有可能引发事故。

（9）从众心理。一些员工没有主见，为人处世没有原则，属于"墙头草"。当看到其他员工因为违章操作而暂时没发生事故时，就开始盲从。

（10）唯上心理。一些员工对上级的命令不加辨别，唯命是从，即使知道领导的指令不对，也出于各种原因而去违心地遵从，这样很容易引发不该发生的事故。

找到了习惯性违章的心理根源，等于是揭出了习惯性违章的"老底"，找出了其"病根"。习惯性违章的发生，很大程度上源于人的思想认识高低与重视程度。只有在日常工作中，树立安全理念，严格遵章守纪，增强防范意识，才能与事故无缘。我们应该针对以上的心理原因制定预防措施。

（1）灌输法。即向员工灌输各类安全知识、理念和技术要领。企业可以通过集中培训、外出学习、组织讨论等方法，教育引导员工领会掌握国家政策法规和企业的安全制度，把"安全第一"思想植入员工的头脑中，让员工从"要我安全"转变为"我要安全"。

（2）刺激法。企业可以借助"以案说法"的方式，经常组织各类安全事故的警示教育，刺激员工的神经，引导他们认真反思、高度重视和提高警觉，唤起他们的安全意识，从而以严谨认真的态度去对待工作，避免习惯性违章。

（3）文化法。指的是企业要创建安全文化氛围，通过直观明了、生动活泼、形式多样的安全文化影响熏陶，引导员工形成安全态度和安全习惯，自觉按照规章制度和操作规范约束自己的操作行为，保护自己和他人的生命安全。

（4）个性法。企业要对员工进行良好的个性教育，培养员工健康向上的情绪，引导员工善于控制自己的情绪，去除不健康心理习惯，学会科学、冷静、理智、巧妙地处理各类突发状况。

（5）奖惩法。习惯性违章需要教育引导，也需要刚性约束。企业应该对员工的习惯性违章加强监督、考核和奖惩，这样能够有效保持制度规矩的严肃性，也能保证安全教育的深入性。

在生产过程中，员工出现习惯性违章，其心理因素是主要因素，也是比较难以纠正和改变的因素。在实际操作中，需要企业管理人员掌握了解习惯性违章的心理因素表现与影响，针对不同员工中存在的各种心理问题，利用多种方法进行干预和教育，逐步解决员工的心理问题，纠正习惯性违章。

6. 习惯性违章的行为特征与预防措施

员工的习惯性违章是在长期工作中形成的不良行为习惯。想避免产生习惯性规章，除了增强主动安全意识，还要了解掌握习惯性违章的行为特征，进而采取积极有效的预防措施。

☆☆☆☆☆☆☆☆☆☆☆☆☆☆☆☆☆☆☆☆☆☆

2016 年 8 月 4 日 15 时，某建筑公司承包的某工程工地上，15 名工人开展 60 吨门型吊车的拆卸作业。事发之日前的晚上，5 名拆卸工晚上加班，因天气比较闷热，负责拆卸门吊连接螺栓和销轴的员工梁某急于早点收工，不顾作业指导书程序和安全技术交底的要求，在缆风绳尚未拉好、吊车还未挂好起吊钢丝绳的情况下，就草率地拆除了门吊连接螺栓和销轴。这一班员工和次日值白班的人员没有做好交接。白班15名工人在开展吊车拆卸作业时，因吊车门吊连接螺栓和销轴被拆，出现门吊失稳和倒塌事故，造成5人死亡、10人受伤的人身伤亡事故。

☆☆☆☆☆☆☆☆☆☆☆☆☆☆☆☆☆☆☆☆☆

这起事故的起因是作业人员不按程序作业、操作，求快图省事，两个工作班组又没有按规定交接班，而产生的违章。透过这起事故也不难发现，如果员工为了赶时间、图省事、早下班，擅自改变或缩减作业程序，加上不按作业程序操作，就属于典型的违章作业行为，这类行为带来的危害是非常大的，理应引起有关从业人员的重视和警惕。

习惯性违章的行为特征与心理原因紧密相关，也有多种表现。管理人员应当认真学习掌握习惯性违章的行为特征。

（1）利己性。习惯性违章在没有引发事故之前，短期内可能会给违章人员带来一些所谓"利益"。比如，在生产过程中，有些员工通过简化程序、投机取巧，可能会一时觉得省工、省时、省力，但这种所谓"省"只是一种表象，其实质仍是不安全行为。员工这种习惯性违章的利己性行为特征，无论何时何地，都是与企业的规章制度和操作规程相对立的。

（2）公开性。当员工出现习惯性违章时，有些企业管理人员出于急于完成任务或不愿得罪人的考虑，对员工的习惯性违章行为充耳不闻、视而不见、听之任之，导致员工的违章行为半公开化。在作业现场，当有管理人员在检查时，员工能够规范操作，一旦管理人员离开作业现场，就马上开始违章作业。时间长了，就会出现"违章现象都知道，但谁都不管"的恶性状况。

（3）故意性。员工的习惯性违章并不见得都是员工的无知造成的，有些情况下是员工明知故犯。比如，企业一般都会召开班前会，对员工开展安全操作规程教育培训。管理人员一讲，有些员工就觉得都是老生常谈的事，这类员工往往会把制度规定当作一种束缚，因而产生逆反心理。体现在生产中，就是明知故犯，操作中偏偏不按套路出牌，不按规定操作。

（4）随意性。有些人安全意识淡薄，安全知识贫乏，安全技能较低，平时又不肯主动学习，在行为上就往往会表现出随意性，做事仅凭自己的好恶和习惯，从不考虑后果，这样很容易产生各种预想不到的事故。

（5）隐蔽性。有些员工知道自己的行为不安全，所以并不会明目张胆地进行违章操作，而是背着管理人员的监督进行暗自操作。这就是员工习惯性违章的隐蔽性行为特征。这类违章行为现象，在没有发展成事故之前，一般不容易被管理人员发现。

（6）腐蚀性。有时候，员工的习惯性违章会让员工在短期内获取不该拥有的利益。因为有些企业对员工绩效的考核，只重结果不看过程，有时候员工的习惯性违章还没有发展成事故，某些阶段性工作也能完成。在企业只重结果不重过程的考核奖惩中，这类侥幸完成任务的员工可能会受到嘉奖。企业这样做的结果，会让一些安全意识薄弱的员工"羡慕"或"崇拜"这些侥幸受到嘉奖的员工。所以这类习惯性违章的行为表现就呈现出"腐蚀性"特征，会带偏一些员工，对企业安全生产非常不利。

员工习惯性违章的六类行为特征，每一类都足以引发违章作业，从而导致事故发生。针对习惯性违章的行为原因，要纠正防范习惯性违章，我们须从以下几方面加大力度进行综合治理。

（1）打好"预防针"，提高认识。对于容易出现习惯性违章的员工，企业要重点对其开展事前教育，引导员工仔细辨识自己的行为习惯是否合规，让其认识到"违章不一定出事故，但事故必然出自违章"，进而让他们提高思想认识，增强安全观念。

（2）吹好"枕边风"，强根固本。有时候，员工对于企业组织的安全教育培训会产生厌倦心理和逆反心理。在这种情况下，企业要适时调整思路，除了开展好安全教育培训外，还可以适时召开员工家属座谈会、联谊会，引导员工家属多上安全教育课，让家属对员工上班前嘱咐安全，下班后过问安全，用亲情的力量感召影响员工，让员工自觉远离违章操作，保护自身安全。

（3）打造"金刚钻"，提高技能。这里强调的是员工实际操作技能的培训，企业在开展教育培训时，要"捞干的""讲实的"，紧密结合员工的岗位需要，精准培训、有效灌输，确保员工真正掌握实战技能，实现规范安全作业。

（4）念好"紧箍咒"，齐抓共管。纠正改变员工习惯性违章行为，需要调动起方方面面的积极因素。实际操作中，应当建立起齐抓共管的格局，主要包括管理人员日常管、员工之间互相管、社会人士参与管等层面。协同发力、齐抓共管才能让习惯性违章行为无处藏身。

 ## 7. 让反习惯性违章成为一种职业习惯

员工的习惯性违章行为想要彻底纠正和改变，不能靠口头上的几句承诺、参加几次培训会，或者参与几次训练，而是需要长期提高警觉，经常反思。因此，在生产经营活动中，我们要把反习惯性违章作为一项共同任务和一种职业习惯，驰而不息地常抓不懈。

反习惯性违章的关键在于员工遵章守纪，遵章守纪的关键在于提高对规章制度和操作规程的重视程度。思想认识提高了，反习惯性违章的主观能动性才强，纠正违章行为的力度才大，成效才会好。

让反习惯性违章成为一种习惯和自觉，成为一种职业习惯，需要我们从多方面去努力。

（1）真正认识习惯性违章的危害。习惯性违章害己害人害企业，可以说百害无一利，这是不争的事实。尽管这样，仍有一些员工产生习惯性违章，原因是什么？主要是因为他们没有真正认识到习惯性违章的危害，尤其是自己的习惯性违章在尚未引发事故之前，不能引起他们的充分重视。所以，在生产中，我们要真正设身处地地清醒认识习惯性违章的危害，不管是否已经发生了事故，都要充分重视，加强防范。

（2）找出违章现象。习惯性违章可能存在于我们生产活动中的各个环节、各个角落，如果我们认识到了习惯性违章的危害，那么在实际工作中，就要善于观察思考，善于查找，通过自我检视、工友提点、领导督查等方式，把自身存在的各类违章现象逐个"揪出来"，然后分门别类，详细记录下来，为下一步分析症结、深入整改提供科学依据。

（3）分析问题症结。发现了问题，下一步是分析问题。当我们把各类违章现象找准、找实、找全后，需要对照这些现象和问题，逐个进行认真剖析，看看它们是哪里出了问题，是哪个步骤环节没有按章作业。在分析原因时，要客观、全面，既要分析查找主观原因，也要把客观原因分析透彻全面。

（4）制定整改措施。问题找全了，原因分析透了，接下来，需要我们按图索骥、对症下药，根据不同违章的表现形式，分别制定相应的整改措施。整改措施要明确问题表现、整改目标、整改重点、整改路径、整改措施、整改步骤和完成时限等内容，使问题整改方向明确、载体准确、措施有力。

在安全生产领域，员工习惯性违章行为时有发生。作为企业的一员，我们要做到避免出现习惯性违章的行为，就不能急于求成，而应当利用一切可以利用的资源，通过软件和硬件相结合的方式，共同构筑起反习惯性违章的"坚强堡垒"和"坚固屏障"，使反习惯性违章成为我们的职责和使命，成为一种主观需求，进而成为一种职业习惯。做到这些，习惯性违章才能无所遁形，企业生产安全和人身安全才能得到更有力的保障。